人工智能基础

小学版

彭艳芳　主编

清华大学出版社

北京

内 容 简 介

本书以"未来小镇"的规划建设及智能生活为主题，分为"探秘人工智能王国""未来小镇初建设""未来小镇新生活"三章，共 17 个项目。书中设计了"灰灰"（人工智能初学者）和"大大"（人工智能专家）两个人物角色，通过他们的对话衔接每个项目和环节的主题，让学生更容易融入角色，切身体验项目设计的思路，主动完成项目内容的探究学习。每个项目包含"激趣引导""探索分析""创意设计""拓展提升""总结巩固"五个环节，按照项目思维结构图设计、编程实践、拓展优化的设计思路，充分激发学生对人工智能自主探究的学习兴趣，促进学生计算思维、创新能力的学科核心素质培养。

本书可以用于中小学选修课、社团课、竞赛课、课后服务课程的实施，也适合中小学一线教师和对人工智能感兴趣的学生作为科普读物。

图书在版编目（CIP）数据

人工智能基础：小学版 / 彭艳芳主编 . —北京：清华大学出版社，2024.2
ISBN 978-7-302-65203-8

Ⅰ．①人… Ⅱ．①彭… Ⅲ．①人工智能－少儿读物 Ⅳ．① TP18-49

中国国家版本馆 CIP 数据核字（2024）第 034030 号

责任编辑：王剑乔
封面设计：刘 键
责任校对：刘 静
责任印制：宋 林

出版发行：清华大学出版社
   网 址：https://www.tup.com.cn，https://www.wqxuetang.com
   地 址：北京清华大学学研大厦A座   邮 编：100084
   社 总 机：010-83470000   邮 购：010-62786544
   投稿与读者服务：010-62776969，c-service@tup.tsinghua.edu.cn
   质量反馈：010-62772015，zhiliang@tup.tsinghua.edu.cn
印 装 者：三河市君旺印务有限公司
经 销：全国新华书店
开 本：185mm×260mm 印 张：11.25 字 数：249千字
版 次：2024年3月第1版   印 次：2024年3月第1次印刷
定 价：59.00元

产品编号：093300-01

本书编委会

主　编：

　　彭艳芳

副主编：

　　梅仲豪　邱建华　黄泽武

编　委：

　　周执政　裘愉峥　庄建东　刘穗云　范　敏　谭　婵　卢春平

　　袁　胜　谢忆琳　薛　琛　刘欢伊　袁勇林　查成林　罗新河

　　肖思蕾　唐兴奎　封　彬　周超华　陈立仁　王国宁　文　理

推荐序

我们有幸生活在一个科技快速发展的时代，关于宇宙、地球、时空、生命、人类、进化和智能等观点和论述，如雨后春笋破土而出，似百花争艳迎春怒放。

人类智能伴随着人类进化而逐步发展。人类力图借助机器模仿与发展自身的认知过程和智能水平，并创造人工智能，促进社会和经济发展，造福人类。20世纪30年代，被誉为国际"人工智能之父"的图灵（Turing）提出的关于智能可计算思想和自动机理论（图灵机），开创了人工智能思想的新高度。约翰·麦卡锡（John McCarthy）和马文·明斯基（Marvin Minsky）等10位人工智能开拓者于1956年夏季在美国达特茅斯学院举办了人工智能研讨会，并正式提出和使用"人工智能"这一科技术语，标志着国际人工智能学科的诞生。此后，人工智能在60多年的发展中，几起几落，经历了波浪式前进和螺旋式上升的发展过程。到21世纪初，人类迎来了人工智能的新时代，人工智能出现了蓬勃发展的喜人局面。

我国国务院于2017年7月发布《新一代人工智能发展规划》，提出发展我国人工智能的指导思想、战略目标、重点任务和保障措施，加快建设创新型国家和智能科技强国。发展人工智能及其产业化，促进人工智能与国民经济高度融合，需要千千万万不同层次的人工智能人才。其中，搞好人工智能创新人才培养和人工智能普及教育占有十分重要的地位。

中小学作为培养创新型人才的重要阵地，需要开设人工智能普及课程，落实人工智能普及教育，培养人工智能接班人。这套《人工智能基础》普及课程教材恰逢其时，应运而生。本教材具有如下特色。

（1）内容新颖。依据最新的课程标准和课程理念进行设计，反映人工智能的最新内容和发展趋势，符合当前中小学教育的育人目标和理念。

（2）结构合理。结构全面，层次递进，难易程度循序渐进，着重人工智能基础知识、基本原理、基本案例的传授。

（3）方法科学。主题课程内容框架设计、项目制探究学习活动设计、弹性拓展部分的分层学习，均注重人工智能科技内涵和学科核心知识教学。

（4）联系实际。项目和案例丰富形象，做到理论密切联系实际，已在几轮的课程试点实施中卓有成效，获得好评。

（5）适应性强。适合作为中小学人工智能普及课程教材或教学参考书以及其他青少年的科普读物。

（6）趣味性强，可读性好。教材以讲故事的形式，通过塑造的人物角色，寓人工智能科技知识于有趣的故事情节，能够培养学生学习人工智能的兴趣，增强学习效果。

本教材开发团队由来自全国一线的教育专家、教学名师、中小学教师、大学教授组成，专业层次全面，知识结构合理。他们经过研讨和磨合，将不同教学观念和设计方法深度融合，形成统一思路和统一模式，展现了一种全新的课程框架设计。在两年多的编写过程中，团队成员团结一心，迎难而上，反复论证，精益求精，为编写出优秀的课程教材而砥砺前行，值得称道！

通过学习本教材，希望在广大青少年心中播下发展我国人工智能科技的种子，学好人工智能基础知识，学会运用人工智能的科学思想思考问题，用编程方式和创新算法解决现实生活中的实际问题。祝愿广大青少年在学习过程中不断成长，挑战自我，收获成功和快乐，为我国人工智能强国建设贡献重要力量！

蔡自兴

2023 年 3 月 18 日

于中南大学

前　言

2017 年 7 月国务院印发《新一代人工智能发展规划》，明确指出人工智能成为国际竞争的新焦点，应逐步开展全民智能教育项目，在中小学阶段设置人工智能相关课程，逐步推广编程教育，建设人工智能学科，培养复合型人才，形成我国人工智能人才高地。2018 年年初，教育部发布《普通高中课程方案和语文等学科课程标准（2017 年版）》，正式将"人工智能"纳入新课标的高中信息技术课程。《教育信息化 2.0 行动计划》提出完善课程方案和课程标准，充实适应信息时代、智能时代发展需要的人工智能和编程课程内容，表明从国家层面对人工智能进入中小学教育有了明确的要求。2018 年两会期间，人工智能被写进 2018 年政府工作报告，引起社会各界尤其是教育领域的高度关注。2019 年人工智能又一次被写进政府工作报告。2021 年 10 月，中央网络安全和信息化委员会印发《提升全民数字素养与技能行动纲要》，指出要将数字素养培育相关教育内容纳入中小学教育教学活动。2022 年 4 月，教育部发布《义务教育课程方案和课程标准（2022 年版）》，将人工智能纳入义务教育阶段的信息科技课程。"少年强，则国强。"为实现未来中国人工智能技术的飞跃发展，人工智能科普教育必须从青少年抓起。当前人工智能领域的人才缺口、发展潜力、技术突破和创新飞跃，也需要将中小学的人工智能科普教育落实到课堂。在中小学开展人工智能课程教育，使青少年了解人工智能技术基础理论、处理信息的过程、算法设计、应用范围等，帮助青少年正确认识、理解和掌握人工智能技术领域重要的基础技术，显得十分迫切。为全面贯彻国家教育方针，实施素质教育，落实国家新课程改革要求，做好人工智能课程普及工作；为国家、各高校培养高素质的人工智能专业人才，助力国家人工智能行业产、学、研的飞速发展，编者组织编写了本书。

本书的开发团队由全国知名的人工智能专家、中小学一线专家名师、大学教授、工程师组成，以现代新的教育理论和课程理论为指导；以培养青少年的信息素养、计算思维、实践创新、团队协作和社会活动等能力为目标；以全面提高青少年的学科核心素养为指导思想，经历了集思广益、精心设计、集中研讨、试点实施、专家论证等一系列的活动，开发出了一套衔接自然、层次清晰、梯度恰当、难度合适、自成体系而又适于普遍实施的中小学人工智能普及课程体系。

在本书的撰写过程中，我们得到了来自多方的指导、帮助和支持。感谢湖南省人工智能学会的大力支持和专业指导，感谢蔡自兴教授的专业指导和鼎力相助，智慧眼科技股份有限公司董事长邱建华先生的鼎力支持，感谢参与课程开发、教材编写的专家、名师、工程师、老师们，有了你们的支持、帮助与积极参与，开发出了此套小学、初中、高中三个学段的人工智能普及课程。谨以此书献给热爱中小学人工智能教育的老师们、爱好者，热爱人工智能课程学习的同学们，愿大家工作愉快，学习快乐，学有所成！

编者

2023 年 10 月

目 录

第一章

探秘人工智能王国

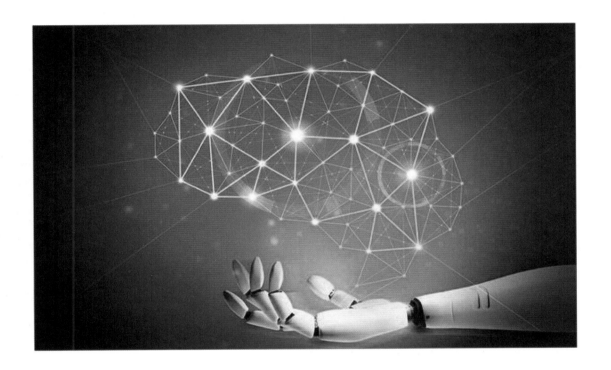

  同学们，本章我们将会跟随灰灰和大大一起去探寻人工智能的前世与今生，去了解人工智能诞生的过程，以及人工智能在成长的过程中经历过的寒冬与盛夏，进而对人工智能的基本概念有一个初步的感知和认识。

  另外，我们还将利用一款适合小学生学习人工智能的图形化编程软件，动手完成一些生活中常见且有趣的人工智能项目，让我们能够在未来小镇的主题情境中感受人工智能的强大以及人工智能与人类思维的特点和差异。

  让我们一起在人工智能项目的体验中探寻它的奥秘，一起设想未来小镇应有的神奇智能魔力，一起规划美好的未来小镇吧！

项目一　芝麻开门——漫话人工智能

　　人工智能是研究、开发用于模拟、延伸和拓展人的智能的理论、方法、技术及应用系统的一门新的科学技术。简单来说，人工智能是一种利用机器模拟人类认知能力的技术，让机器在思维、行为、表现等方面能够看起来像人一样。

　　本项目围绕漫话人工智能这个主题进行展开，把这个项目分解成：①初识人工智能；②追溯人工智能；③初探人工智能应用；④展望人工智能；⑤项目小结。这五个环节层层递进，逐步解决问题，最后完成整个项目。整个过程体现了用计算机解决问题的思维和过程，同学们在以后的学习和生活中，遇到类似的问题也可以借助计算机，让我们的学习与生活因人工智能变得更加精彩而有趣！

情境导入

　　人工智能是人类通过模拟自身智能所创造出来的智能机器系统，那么智能机器系统究竟是什么？我们要以何种方式来创造？创造出来的智能机器系统能像人类一样思考吗？在人类历史的长河里，人工智能是什么时候诞生的？你了解过哪些人工智能技术？此时的你能为未来人工智能技术的发展助力吗？

　　灰灰收到一张请柬，邀请他入驻人工智能王国的未来小镇，并参加一场关于漫谈人工智能的茶话会。茶话会上大家将讨论什么问题呢？未来小镇将是什么模样呢？他充满着好奇，未来小镇就是人工智能的未来世界吗？究竟什么是人工智能呢？正在思考问题的灰灰不小心撞到了赶来小镇参加茶话会的大大专家，他们之间将会发生什么？是讨论人工智能吗？让我们一起去看看吧！

本项目内容结构及学习环节

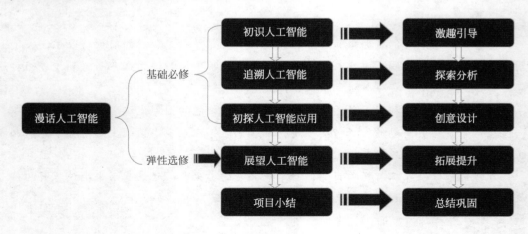

激趣引导

 不好意思，刚才在思考问题，没注意撞到您了！我是灰灰，很高兴认识您，请问您是？

"呵呵，没关系的！我是大大，很高兴认识你！你刚才在思考什么问题呢？"

 我在想未来小镇将会是什么模样的？

应该是用人工智能技术建设的智慧小镇，具体怎么建设还得集思广益，听听大家的意见和建议！今天的会议就是召集大家来聊一聊关于人工智能的这些事！

3

初识人工智能

今天的茶话会，我们将一起来聊一聊未来小镇的建设！未来小镇建设需要我们做哪些准备呢？说说大家对未来小镇建设的看法，大家畅所欲言、集思广益，努力成为小镇的建设者！

探究活动一：会议沙龙——招募未来小镇建设者

活动要求：

1. 你想成为未来小镇的建设者吗？未来小镇将建成什么样呢？小镇的建设需要我们做些什么呢？请同学们小组内讨论后回答。

2. 作为建设者，你是如何理解人工智能的呢？说说你的想法。

3. 阅读下文，梳理任务内容，小组合作探究设计出"漫话人工智能"项目思维结构图。

这是一个神秘的"小镇"。这是一个充满科技感的"小镇"！我们正在规划建设人工智能未来小镇。人工智能未来小镇计划将全球先进的人工智能技术应用到城市管理、城市生态和城市发展中，让城市更智能，生活更美好。未来小镇能利用技术解决生活实际问题吗？诸如人工智能拍照、虚拟个人助手、导购机器人、无人商店、无人机等，多种多样的应用范例和应用场景都融入了人工智能技术，为我们带来更高效、更便利的全新体验。例如，全镇的个人安全健康智能护理系统、人工智能定制公交、人工智能植物唱歌、人工智能活力社区、人工智能科技馆、人工智能主题公园等。

小镇的建设需要每个人贡献自己的一分力量。比如通过人工智能开放平台选出未来小镇的形象代言人；设计未来小镇的规划图；运用人工智能开放平台和智能软件设计一些智能程序和项目，用于解决未来小镇生活中的实际问题；努力让小镇变成人工智能的应用王国。而这些都需要我们努力学习人工智能相关的知识和技能，如果能成为一名人工智能项目开发者，那将是非常有意义的事情！

小镇建设者的报名很火爆，但还是说不清楚未来小镇到底什么模样？

我的理解是：未来小镇是人工智能应用的巅峰世界。

大大，那人工智能这个词到底是什么意思呢？

这个词如果深入理解就很难，如果简单理解就是用机器帮助人类。

AI 就是人工智能吗？

是的，为了加深理解，接下来就让我们一起漫谈一下人工智能！

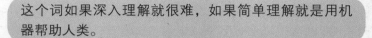

人工智能正在全球迅速崛起，已经融入了我们的生活，人工智能的时代已经到来了，正在改变着我们的生活。那么什么是人工智能呢？

人工智能就是用人工方法在机器（计算机）上实现的智能，或称机器智能，也可以说是研究如何用计算机表示和执行人类的智能活动，以模拟人脑所从事的推理、学习、思考和规划等思维活动，并解决需要人类的智力才能处理的复杂问题，如医疗诊断、管理决策、下棋和自然语言理解等。

人工智能的概念是什么时候提出的？到底有什么具体的含义？你想不想追溯一下它的发展历程呢？随着人工智能在生活中的逐渐普及应用，你熟悉哪些人工智能应用呢？有没有亲身体验过最新的人工智能应用技术呢？未来的人工智能将会如何发展？你能展望一下吗？

"漫话人工智能"项目参考思维结构图如图 1-1-1 所示。

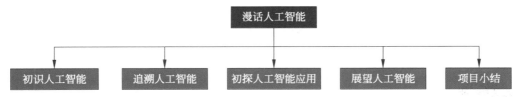

图 1-1-1 "漫话人工智能"项目参考思维结构图

大大，人工智能还有别的定义吗？它真的无所不能吗？

目前人工智能的定义比较多，没有统一的版本。它也不是无所不能的，每一项技术都要在有益于人类的范围内发展。

大大，您觉得人工智能会思考吗？

目前的人工智能技术具有人类某些相似的特征，能模拟人的思维，而不是真正具有跟人一样的思考能力。

　　人工智能是研究人类智能活动的规律，构造具有一定智能的人工系统，研究如何让计算机完成以往需要人的智力才能胜任的工作，也就是研究如何应用计算机的软、硬件来模拟人类某些智能行为的基本理论、方法和技术。

听不太懂啊？能说得简单一点吗？

归纳成一句话：类似于一群科学家正在研究怎么让计算机变得和人一样聪明的一种技术。

探索分析

追溯人工智能

　　那么智能机器能"像人一样思考"吗？目前的智能机器并不能像人类一样独立思考或具有意识和自我认知。虽然在某些领域表现出了与人类相似的智能行为，但要实现真正的独立思考和自我认知，还需要在科技、伦理和法律等方面做出更多的努力和研究。准确地说，机器是通过计算机程序模拟人类的思考，使得它在处理某些具体的事务时，像人类一样能看、能听、能想、能说、能动。

大大，古代有没有人工智能呢？

灰灰，古代鲁班就制作过许多机械自动化的东西。

哦，他制作的传说中连飞三天而不落地的木鹊属于人工智能吗？

灰灰，木鹊就是一种机械鸟，有点像是人工智能机器人的原始雏形。

你了解过人工智能的发展历史吗？人工智能是近期才有的吗？让我们一起进入历史长河，沿着时间的足迹探寻人工智能的雏形及其发展。

探究活动二：初识古代机器人

活动要求：

1. 小组内讨论交流，古代的"人工智能"雏形是怎么发展的？

2. 你所了解的古代的"机器人"有哪些？请列举一下，并说明它们的特征和作用。

古代的"人工智能"到底有多酷炫？可能超乎你的想象。早在古代，中国就已经有了"机器人""自动化装置"的身影。3000多年前，有为周穆王献舞的"机器演员"。1800多年前，有诸葛亮发明的不需人力就可运输粮草的木牛流马。1300多年前，有专供皇后梳妆打扮的自动梳妆台。另外，还有好多采用精妙的机械原理制成的仪器，比如指南车、记里鼓车、水运仪象台、走马灯、水晶刻漏等。它们承担的功能角色可谓包罗万象，看门的、舂米的、割麦子的、提水的，这些"机器人"帮助古人完成日常事务。

探究活动三：探究人工智能的发展历程（小组合作）

活动要求：

1. 小组内讨论交流人工智能发展史上有哪些标志性的重要事件。

2.阅读相关资料，小组内讨论分析人工智能的发展历程。

为了让机器学会"思考"，人类科学家尝试了各种各样的方法，付出了几代人的努力，熬过了两次低谷，经历了三次发展高潮。

1.达特茅斯会议

1956年，在由达特茅斯学院举办的一次会议上，计算机专家约翰·麦卡锡提出了"人工智能"一词，几位著名的科学家从不同学科的角度探讨人类各种学习和其他智能特征（图1-1-2）。达特茅斯会议正式确立了人工智能（artificial intelligence，AI）这一术语，这个会议是一次划时代的会议，此次会议被广泛认为是人工智能诞生的标志。

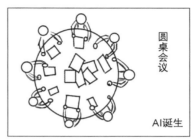

图 1-1-2　人工智能诞生图

2.第一次人工智能浪潮

达特茅斯会议之后，整个人工智能领域流行用计算机进行演算，并应用于数学和自然语言领域，以解决特殊的问题。下面以走迷宫为例，加深大家对这个时期人工智能发展情况的了解。走迷宫的目标就是从迷宫的起点走到终点，人类走迷宫，碰到死路时稍微后退，再找其他路径，一步一步向终点靠近。

灰灰，你知道机器人是怎么走迷宫的吗？

太小瞧我了，不就是一个路口接着一个路口走吗？

探究活动四：探究走迷宫思路

活动要求：

1.观察分析图1-1-3，小组内交流讨论人类与机器走迷宫方法的区别。

2.想一想机器的思维与人类的思维的异同点。小组内讨论后回答。

 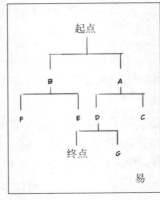

图 1-1-3　人工智能迷宫思维图

如果让计算机走迷宫，不会完全按照真实的道路前进，而是从起点开始分类，分成往A走的情况和往B走的情况等。接着对往A走碰到的情况以及往B走碰到的情况进行分类。在不断分类的情况下，最后能找到终点。这就是初期人工智能所使用的方法。

3. 第二次人工智能浪潮

20世纪70年代开始，研究人员利用计算机的存储功能，将"知识"存入计算机让它变得更加聪明。20世纪90年代中期开始，由于网络技术，特别是互联网技术的发展，加速了人工智能的创新研究，促使人工智能技术进一步走向实用化（图1-1-4和图1-1-5）。斯坦福大学开发的MYCIN系统就是一个著名的例子。MYCIN系统可以将过去所有病人诊断为细菌感染的症状与其他情况等知识记录在数据库中。当有新的患者出现时，输入患者症状和相关情况，就能够推测患者感染某种细菌的概率。

图 1-1-4　专家系统图例　　　　　　　　图 1-1-5　人工智能发展图

4. 第三次人工智能浪潮

20世纪90年代中期，互联网和搜索引擎相继诞生，到了2000年，随着网站数量的增加，人类的知识、资料在互联网呈现指数增长。2008年，随着智能手机的兴起和4G网络的普及，全世界一半的人都成为了网民，为互联网贡献自己的数据。2011年至今，随着大数据、云计算、互联网、物联网等信息技术的发展，泛在感知数据和图形处理器等计算平台推动以深度神经网络为代表的人工智能技术飞速发展，大幅跨越了科学与应用之间的"技术鸿沟"。如图像分类、语音识别、知识问答、人机对弈、无人驾驶等人工智能技术实现了从"不能用、不好用"到"可以用"的技术突破，迎来爆发式增长的新高潮，掀起又一轮的智能化狂潮，而且随着技术的日趋成熟，必将被大众广泛接受。

人工智能发展历程如图 1-1-6 所示。

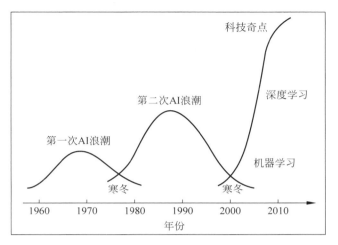

图 1-1-6　人工智能发展历程

创意设计

初探人工智能应用

大大，刚才我们探讨了这么久的人工智能理论，接下来是否可以实践体验呢？

这个当然可以，马上就可以体验一下！今天茶话会的主题就是漫谈聊天，那接下来大家一起和有趣的"小 i"聊天吧！体验一下与机器聊天的感受！

科学家们对人工智能的探索一直在不断进行，研究的是人类本身的"智能"。人工智能是从图灵提出"图灵测试"开始的，图灵测试由艾伦·麦席森·图灵发明，他被称为计算机科学之父、人工智能之父。他提出的"图灵机"和"图灵测试"等概念，是计算机科学和人工智能发展的重要基石。

图灵测试（图 1-1-7）是指测试者与被测试者（一个人和一台机器）隔开的情况下，通过一些装置（如键盘）向被测试者随意提问，进行多次测试后，如果有超过 30% 的测试者不能确定被测试者是人还是机器，那么这台机器就通过了测试，并被认为具有人类智能，这就是有趣的图灵测试。

图 1-1-7　图灵测试示意图

探究活动五：体验聊天机器人

活动要求：

1. 打开网址 http://i.xiaoi.com/，请同学们试着与"小i"进行聊天对话，并谈谈你的感受。

2. 根据你与"小i"的对话，小组内讨论分析，机器聊天与人之间聊天的区别是什么？

小思考：
与我们聊天的"小i"机器人能否顺利地通过图灵测试呢？

大大，"小i"机器人只是人工智能应用中的一种，现在的人工智能应用越来越多。作为智能小镇的建设者，我们应该给未来小镇配置哪些人工智能应用呢？

这个问题问得好，接下来就让我们一起聊聊吧！

探究活动六：聊聊人工智能应用

活动要求：

1. 你熟悉人工智能应用领域吗？请查阅相关的资料，小组内讨论后回答。

2. 你认为未来小镇应该配置一些什么样的人工智能应用呢？请说说你的看法。

人工智能主要应用的领域有：智能家居、智慧零售、智慧交通、智慧医疗、智慧教育、智慧物流、智能安防等。例如，在交通领域，驾驶辅助系统是目前重要的方向。在感知层面，其利用机器视觉与语音识别技术感知驾驶环境、识别车内语音、理解乘客需求；在决策层面，利用机器学习模型与深度学习模型建立可自动做出判断的驾驶决策系统。

人工智能已经在很多领域有所渗透，当人们对人工智能的认识更加深刻以后，它将会更全面地进入人们的生活，到那时未来小镇应该是人工智能技术应用的巅峰世界！

 拓展提升

展望人工智能

 大大，人工智能这么强大，未来会不会代替人类呢？

 这个问题嘛，科学技术是把双刃剑，有利有弊。人工智能也不是万能的，也有自己的弱项，每一项技术的发展都离不开人类的规范管理，我们要让它在有益于人类的发展范围内发展。

随着社会、科技的发展和进步，未来的人工智能应用领域将进一步扩大，人工智能将代替人类传统职业，引发人类生产方式的革命性变革（图 1-1-8）。那么人工智能机器可能会代替人类吗？

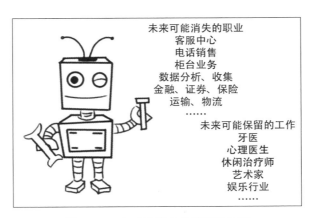

图 1-1-8　人工智能未来发展想象图

有一点需要大家理解的是：人工智能只是服务于人类的一种工具，取代不了人类。虽然它有着一些人类无法企及的高超能力，但是因其智能化水平还要受到科学技术水平的影响，所以存在一定的局限性，而且目前一些人工智能技术还只是处于工具型人工智能阶段。

同时，人工智能不能代替人类的主要原因还有几个：第一是人类的想象力。第二是人类的独创思维。第三是人类之间有温度的交流能力。人工智能也许能跟你对话甚至知道你想要什么，但人工智能在某种意义上是没有情感的，人类内心真正的情感与交流是人工智能无法做到的。未来如果人工智能应用服务于各行各业，那么人类将会有更多的时间和精力做有创造性的工作。

探究活动七：创意漫画

活动要求：

1.随着人工智能的飞速发展，想象一下它将会给你的生活带来哪些改变？请小组内讨论分析回答。

2.你能用一幅漫画描绘自己在未来小镇里的智能生活吗？例如某一个有趣好玩的生活场景、一个让人惊讶的特色场景。请同学们大胆想象，试着画出来吧！

12

总结巩固

项目小结

本项目我们初步了解了人工智能的基本概念、人工智能技术的起源、发展历程等。通过初步探究人工智能技术的发展历程，体验了人工智能应用技术。通过思考与讨论，展望了人工智能未来的发展趋势，分析了人工智能所带来的挑战。我们要辩证地看待人工智能和人类的关系，积极地发展自身，拥抱人工智能时代的到来。本项目的内容你都掌握了吗？

知识点比重：

初识人工智能	10%
追溯人工智能	40%
初探人工智能应用	35%
展望人工智能	15%

思考与练习

思考：

1.你了解过 Alpha Go 战胜世界围棋冠军柯洁这则消息吗？在围棋方面，人工智能呈现出压倒性的优势，那么未来人工智能会战胜人类吗?

2. 为适应未来人工智能的发展，此刻的你应该朝哪些方面努力呢?

练习：

1. 请查找资料，结合生活实际，试着列举几个在你的学习生活中重要的人工智能应用。

2. 请同学们大胆预测未来小镇的未来发展趋势，并说出你的想法和理由。

参考文献及资料

[1] 林达华，顾建军. 人工智能 [M]. 北京：北京商务出版社，2019.

[2] 周雄传. 人工智能的发展历程 [EB/OL].（2018-06-02）[2023-05-02]. https://blog.csdn.net/ebzxw/article/details/80470053.

[3] 李美桃. 从基础研究浅析人工智能技术发展趋势 [J]. 电子技术应用，2020，46（10）：29-33，38.

[4] 武博士，宋知达，袁雪瑶，等. 漫画人工智能 [EB/OL].（2019-04-05）[2023-05-05]. https://zhuanlan.zhihu.com/p/61489120.

[5] 百度百科. 人工智能 智能科学与技术专业术语 [EB/OL]. [2023-07-12]. https://baike.baidu.com/item/%E4%BA%BA%E5%B7%A5%E6%99%BA%E8%83%BD/9180?fr=ge_ala.

13

我们是非常渺小的，但是，我们有能力去完成很重大的事情。

——《霍金传》

项目二　面向未来——初探人工智能

　　人工智能的研究领域主要分为自然语言处理、机器视觉、语音识别、数据挖掘以及交叉领域等。近年来，人工智能在自然语言识别、指纹识别、地图导航、自动驾驶等方向都有很大的发展。未来，人工智能将深度服务于我们的生活，并深刻影响我们的生活方式。面对即将到来的人工智能时代，面对越来越智能的机器，我们迫切需要思考如何才能让自己不被智能时代淘汰，如何能够成为推动智能时代发展的贡献者。

　　本项目围绕初探人工智能这个主题进行展开，可分解成：①预测未来长相；②人像动漫化；③体验语音技术；④着眼未来；⑤项目小结。五个环节层层递进，逐步解决问题，最后完成整个项目。整个过程体现了用计算机解决问题的思维和过程，同学们在以后的学习和生活中，遇到类似的问题也可以利用这种分析问题的方法和思路，借助于计算机来解决，努力让我们的学习与生活变得更加智能，更加便捷！

情境导入

　　人工智能在日常生活中的应用已经非常广泛了，包括常见的手机应用和各种智能穿戴设备等。它们给我们的生活提供了极大的便捷。面对即将到来的人工智能时代，灰灰同学充满了好奇心，他想加入未来小镇的 AI 开发团队。那么，他的心愿能够实现吗？人工智能专家大大会给灰灰同学什么样的考验任务呢？让我们一起去看看吧！

本项目内容结构及学习环节

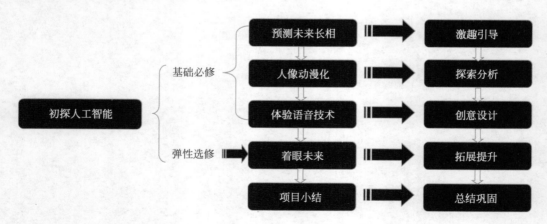

激趣引导

大大，听说我们小镇正在组建 AI 开发者团队，我可以加入吗？

当然可以呀，只是在加入之前需要完成几个简单的任务来证明你的实力！

首先，需要你阅读下面的任务说明，设计一个思维结构图，然后根据思维结构图按顺序完成体验任务。你准备好了吗，灰灰？

哈哈，没问题！时刻准备着！

探究活动一：设计思维结构图

活动要求：

1. 请同学们阅读任务说明，梳理任务内容。

2. 小组合作探究设计"初探人工智能"项目参考思维结构图。

任务说明如下。

利用 AI 开放平台，以面向未来为主题，完成下面的任务：

1. 使用人脸识别模块完成长相预测；

2. 体验人脸特效中的人像动漫化；

3. 体验语言技术模块中的语音识别和语音合成项目；

4. 根据相关的资料，思考人工智能的未来应用领域有哪些。

"初探人工智能"项目参考思维结构图如图 1-2-1 所示。

图 1-2-1 "初探人工智能"项目参考思维结构图

预测未来长相

　　近年来，针对人工智能开发者的 AI 开放平台越来越多，功能也越来越多。灰灰的第一个任务就是利用已有的 AI 开放平台解决生活中的实际问题。

　　小镇需要一个形象大使，要求是：性格温和，品格高尚，五官端正，长相还要符合各年龄段大众的审美要求。前面几项容易筛选，但是要做到长相符合各个年龄段的审美要求这一条让大家陷入了思考。那是不是要对参加报名的人进行各个年龄段长相预测呢？该如何实现？灰灰会使用什么技术来实现呢？假如你是未来小镇的一员，你是否也想成为小镇的形象大使呢？让我们一起来探究一下吧！

- -

探究活动二：预测未来长相

　　活动要求：

　　1. 使用浏览器打开腾讯 AI 开放平台，探索使用人脸特效中的人像变换功能，体验人工智能的变脸效果，思考这种技术是怎么实现的。

　　2. 上传自己的照片，努力探索，预测自己未来不同年龄阶段的模样，小组内讨论谁最符合形象大使的要求。

- -

　　预测长相参考学习流程如下。

　　第一步：输入网址打开体验平台（图 1-2-2）。

16

　　第二步：选择"人脸特效"中的"人像变换"（图 1-2-3）。

图 1-2-2　腾讯 AI 开放平台界面截图　　　　图 1-2-3　选择人像变换模块

　　第三步：修改年龄参数，感受长相变化（图 1-2-4）。

图 1-2-4　人脸年龄变化效果图

第四步：上传照片进一步体验长相预测（图 1-2-5）。

图 1-2-5　上传照片体验人脸变化

　　预测长相这个任务，我们是利用已经训练好的 AI 来实现的。看起来很简单，只要拖动一下鼠标就能快速地呈现效果，高效地解决了当前的实际问题。实际上能够实现人脸年龄变化效果的 AI，是在学习了数以万计的人类不同年龄的图片后，才具备了这种能力。学习的图片越多，预测就越精确。如果没有 AI 的帮助，完成这样的效果可就难了，哪怕是制图的高手都要花费大量时间才能完成。

大大，这样我们就可以在小镇居民中寻找符合各个年龄段的形象大使啦！

灰灰，为了更好地推广未来小镇，我们的形象大使还需要有动漫形象，你能使用 AI 平台来实现吗？

17

哈哈，没问题！

 ## 探索分析

人像动漫化

探究活动三：实践人像动漫化

活动要求：

1. 使用浏览器打开腾讯 AI 开放平台，探索学习使用人脸特效中的人像动漫化功能。

2. 上传自己的照片，体验自己的动漫形象，看看谁的动漫形象更符合形象大使的要求。

哈哈，同学们赶紧来体验一下自己的动漫形象吧！

人像动漫化参考体验流程如下。

第一步：在腾讯 AI 开放平台人脸特效中进入"人像变换"模块，选择"人像动漫化"（图 1-2-6）。

人像变换

通过编辑人脸特征，实现年龄变化、性别
转换等特效，升级用户社交娱乐体验　　　人像动漫化

图 1-2-6　上传自己的照片体验人脸变化

第二步：体验素材库人脸动漫效果（图 1-2-7）。

图 1-2-7　体验动漫效果

第三步：上传照片感受自己的动漫形象（图 1-2-8）。

图 1-2-8　上传照片体验动漫效果

 创意设计

体验语音技术

人工智能技术在我们日常生活中的应用越来越广泛，作为一名 AI 开发团队的工程师，除了要学习使用现有的人工智能技术产品外，还需要学习人工智能产品背后的技术。

灰灰接下来的考验是能透过现象看本质，在带领我们体验语音技术应用的同时，能够简单分析其背后人工智能技术原理。

灰灰，我们的形象大使需要面向全世界介绍我们的未来小镇，你能使用 AI 技术平台对形象大使的声音进行处理吗？

这个不难，用 AI 平台的语音技术就可以实现啦！

探究活动四：体验语音技术

活动要求：

1. 请同学们访问腾讯 AI 开放平台，完成"语音识别"和"语音合成"功能体验。
2. 设想一个运用这项技术的生活场景，说出你的想法。
3. 说一说这项语音技术对应于人工智能研究的哪个领域。

体验语音识别参考学习流程如下。

第一步：输入网址，进入腾讯 AI 开放平台，选择"语音识别"模块（图 1-2-9）。

图 1-2-9　腾讯 AI 开放平台的语音技术中的语音识别网站界面

第二步：体验语音识别功能，将自己的语音转成文字（图1-2-10）。

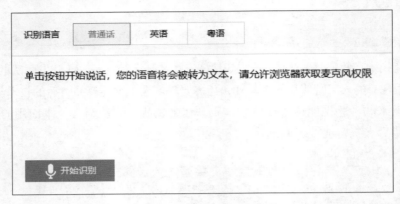

图1-2-10　语音识别功能体验

第三步：选择"语音合成"模块体验语音合成功能，让计算机自动朗读文字（图1-2-11）。

图1-2-11　语音合成功能体验

　　语音合成技术能将文字信息转化为语音并朗读出来，它涉及声学、语言学、数字信号处理、计算机科学等多个学科，是中文信息处理领域的一项前沿技术，主要解决如何将文字信息转化为可听的声音信息的问题，也就是让机器能像人一样"开口说话"。

　　语音合成技术属于语音识别领域的一项技术。中国研究人员训练语音识别AI的成果在世界上处于领先地位。

拓展提升

着眼未来

大大，人工智能技术真的是太棒了，未来将会给小镇居民的生活带来很多便利，生活在未来小镇真是太舒服了！

灰灰，人工智能技术在给未来小镇居民带来便利的同时，也带来信息安全和就业等方面的问题。下面我们一起来讨论一下吧！

人工智能为生活带来了便利，但人工智能同样会带来风险，并将在未来给人类的生活方式带来巨大的改变。要成为人工智能工程师，灰灰不仅要掌握人工智能技术，还要学会用辩证的思维面对人工智能的应用，在与人工智能共同成长的过程中，找到自己人生的价值和意义。

灰灰，请根据相关的拓展阅读材料，对人工智能技术的应用提出自己的独特见解，并说说你的理由吧！

探究活动五：着眼未来（小组合作）

活动要求：

1. 阅读下面的正文，思考如何让人工智能技术在合法的条件下得到应用，并且小组内讨论。

2. 预测人工智能会给人类未来的生活带来哪些影响。

3. 思考自己将如何适应未来的人工智能社会。请说出你的想法。

1."刷脸"真的安全吗？

未来小镇居民在购物时使用"刷脸"支付、用手机时使用"刷脸"解锁，进出小区时使用"刷脸"开门……未来小镇很多的事情都可以用"刷脸"解决，使用人脸识别技术来解决。

对小镇居民的一项调查报告显示，小镇居民有九成以上的人都使用过人脸识别，不过有六成的居民对人脸识别技术广泛使用表示了担忧，还有三成的居民表示，已经因为人脸信息泄露、滥用而遭受隐私泄露或财产损失。出现过犯罪嫌疑人利用"AI换脸技术"非法获取小镇居民照片进行一定预处理，而后再通过"照片活化"软件生成动态视频，骗过了人脸核验机制进行犯罪的案例。

那么"刷脸"时代，我们小镇居民的人脸信息是安全的吗？该如何避免人脸识别技术被用于不法用途呢？

2. 人工智能时代，人类也要学会追求自身的价值和意义

除了安全方向的挑战，随着小镇AI技术在小镇各个领域的大规模应用，小镇中很多原来由人完成的工作都被AI替代了，也对小镇的生活将造成一些影响。

比如小镇的无人餐厅，它不需要洗菜工、配菜员、传菜员、酒水配送员、等位区服务

员，甚至连店长都不需要了。而小镇的未来酒店呢，可以做到免押金、免查房、先住房、后缴费，因此酒店里面没有前台，没有服务员，没有收银员，处处都充满了科技感。

人工智能在这些领域的应用，也让大量的工作岗位都被智能机器人取代了。

这也引起了小镇居民普遍思考自身的价值和意义。"啥事都让智能机器来做了，那我们生活的意义在哪里呢？"

灰灰，这些问题你都有了自己的想法和思考吗？

大大，我相信在全体小镇居民和人工智能科学家的努力下，一定会让人工智能朝着有利于人们生活的方向发展，让未来小镇居民的生活变得更加幸福！

人工智能对社会的影响越来越深入，但我们不要惧怕，我国和国际社会未来将会制定相关的法律法规，让人工智能在有益于人类的范围内发展。在未来飞速发展的智能时代，我们与其被动地迎接越来越智能的人工智能，为何不选择成为一名人工智能开发者，为未来智能时代发展贡献自己的聪明才智呢？让人工智能技术真正做到服务于人，在有益于人类发展的范围内发展，做一名新时代的 AI 科技弄潮儿！

同学们，让我们一起加入未来小镇的人工智能开发者团队，努力让人工智能技术更好地服务我们的未来小镇、未来社会吧！

 总结巩固

项目小结

本项目我们初步了解了人工智能的研究领域，通过各种人工智能技术的体验，感受到人工智能的强大带来的挑战。我们要辩证地看待人工智能和人类的关系，积极地发展自身，以适应人工智能时代的到来。本项目的内容你都掌握了吗？

知识点比重：

知识点	比重
预测未来长相	20%
人像动漫化	30%
体验语音技术	30%
着眼未来	20%

思考与练习

思考：
你想了解设计人工智能应用项目的积木式编程软件有哪些吗？

练习：

1. 描述一下未来小镇的智能生活是什么样的？试着举例说明。

2. 列举人工智能在现在和未来可能都很难做到的事情有哪些?

参考文献及资料

[1] 张德，哈曼. 基于回归分析的人脸年龄预测研究 [J]. 北京建筑大学学报，2020，36（4）：106-111.

[2] 何松，黄维，吴昔遥，等. 基于云平台的智能语音交互机器人设计 [J]. 软件工程，2021，24（4）：55-59.

[3] 张晔. 刷脸时代，该如何护好我们的"面子"[J]. 初中生世界，2021（14）：18-19.

[4] 梁春丽. 从首起"人脸识别案"看"刷脸"时代有多远 [J]. 金融科技时代，2015（11）：16.

人工智能是我们人类正在从事的最为深刻的研究方向之一，甚至要比火与电还更加深刻。

——桑德尔·皮猜（Sundar Pichai）

项目三　巧用工具——初识智能帮手

　　人工智能在我们的生活中有了越来越多的应用，比如你只要对着小 i 音箱说一句我要听歌，优美的音乐立即响起；爸爸妈妈带着我们去商场超市购物，常常会用到刷脸支付……你是不是也有这样的感觉？其实人工智能并不神秘，我们甚至可以自己编写人工智能程序，是不是迫不及待想试试了？

　　本项目我们就来了解图形化编程软件的特点和实现的人工智能应用模块，利用智能帮手中的语音识别，完成简单有趣的案例，为后面的学习打下基础。本项目分解成：①体验声控拍照；②介绍智能小帮手；③设计声控拍照；④智能语音拍照；⑤项目小结。通过这五个环节熟悉智能帮手，层层递进，逐步解决问题，最后完成整个项目。整个过程体现了用计算机解决问题的思维和过程，同学们在以后的学习和生活中，如果遇到类似的问题也可以利用这种分析问题的方法和思路，借助于计算机来解决，努力让我们的学习与生活变得更加智能、更加便捷！

情境导入

　　目前，智能家居、智能穿戴等智能设备越来越多地出现在生活中，这些智能帮手让我们的生活更便捷。人工智能还有许多本领，比如图像识别、文字识别、人脸识别等。

　　灰灰所在的小镇正在建设未来智慧小镇，灰灰凭借着之前的努力学习，非常幸运地成为未来小镇 AI 开发者中的一员。灰灰深知，人工智能中有许多技术可以帮助人们解决生活中的难题。比如利用语音识别技术实现快速而又方便地拍合照就是其中一项。

本项目内容结构及学习环节

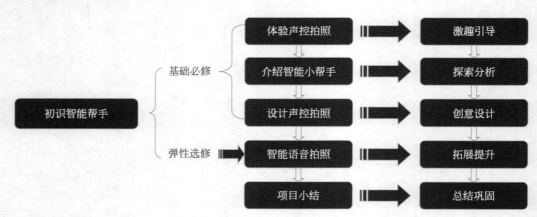

激趣引导

为了更好地建设未来小镇，小镇举行了建设智慧小镇的听证会，邀请了一批 AI 专家来出谋划策，大大专家参加了此次会议，身为小镇 AI 开发者的灰灰也参加了此次会议。在会场中灰灰发现了大大专家，于是邀请他一起合影。

 大大，我能和您一起合个影吗？

可以啊！

 那我请一个人帮我俩拍合影吧。

不用，你的智能手机就可以实现声控拍照。

 25

我们将从体验声控拍照开始，逐步了解学习人工智能技术的两个帮手，并通过这两个小帮手实现声控拍照和智能语音拍照的项目，为我们今后学习人工智能技术提供帮助。

"初识智能帮手"项目参考思维结构图如图 1-3-1 所示。

图 1-3-1 "初识智能帮手"项目参考思维结构图

体验声控拍照

体验活动：试着利用声控拍照程序拍合影。

 大大、灰灰，准备，1、2、3、茄子！

小思考：
声控拍照的步骤是怎样的？

大大，手机声控拍照是如何实现的呢？

声控拍照通过三个步骤完成工作：①语音输入；②听到语音开启摄像头；③手机拍照并保存。

那手机是如何听懂我们说的话呢？好神奇啊！

这就是人工智能中的语音识别啦！后面我们将会学到哦！

 探索分析

介绍智能小帮手

语音识别，这么智能的技术，如果能在实际操作中去体验一下就更好了！

这个简单，我们可以试试 Kittenblock 这个智能小帮手。

太好了，大大！那我们该怎么体验它们呢？

别急，马上我们就可以体验了！

探究活动一：初识图形化编程软件

活动要求：

1. 请同学们打开 Kittenblock 软件，探索软件的各个部分，与它交上朋友。

2. 请同学们尝试在 Kittenblock 的扩展模块中找到并添加 BaiduAI 模块。

3. 请同学们小组内讨论分析，试着对 BaiduAI 扩展模块中的积木进行探索。

图形化编程软件有很多，它们的使用方法大同小异，编写程序就像搭建乐高积木，通过拖拽积木块搭建程序脚本，实现程序功能。

下面我们重点学习和使用 Kittenblock 软件。

Kittenblock 是一款图形化编程软件，可以帮助中小学生或者非专业的技术人员快速入门编程。它继承了各种主流主控板从而控制各种各样的电子模块，支持人工智能和物联网功能，既可以拖动图形化积木编程，还可以使用 Python 等高级编程语言。

1. Kittenblock 界面介绍

图 1-3-2 是 Kittenblock 软件主界面。

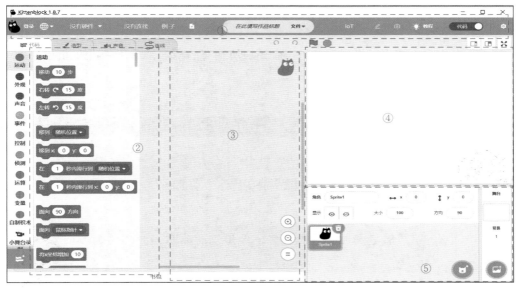

图 1-3-2　Kittenblock 软件主界面

① 区是菜单栏，有项目、教程、硬件连接、编程模式等内容。

② 区是积木仓库区，有丰富的模块图形化脚本块。

③ 区是编程区，可以将图形化方块拖拽到此处，切换角色时会自动切换对应的脚本。

④ 区是舞台区，可以通过编程区的脚本控制舞台中的角色元素，相当于演员表演的舞台。

⑤ 区是角色及背景编辑区，此处可实现舞台的布置、角色的导入和设置，相当于演员

候场区。

2. Kittenblock 扩展模块介绍

Kittenblock 不仅支持丰富的硬件并实现编程，还拥有强大的人工智能扩展模块，如经常看到的语音识别、文字朗读、图像识别等。

单击软件主界面左下角的"扩展"按钮 ▣，在打开的界面中单击网络服务分类，里面包含了我们要使用到的部分人工智能模块，如图 1-3-3 所示。

图 1-3-3　Kittenblock 人工智能扩展模块

同学们可以自行探索一下里面的每一个模块所拥有的积木，以及它们的功能。

 创意设计

设计声控拍照

 智能相机里面的声控拍照程序应该是计算机程序员编写的，使用 Kittenblock 能不能实现这个功能呢？

它虽然是图形化编程软件，但是功能非常强大，只要你想到了，就去试试吧！

探究活动二：实践声控拍照

活动要求：

1. 上网查阅资料，了解声控拍照是怎样实现的。

2. 小组内讨论如何用编程实现声控拍照。试着将"实践声控拍照"活动的思维结构图绘制出来。

"实践声控拍照"活动参考思维结构图如图 1-3-4 所示。

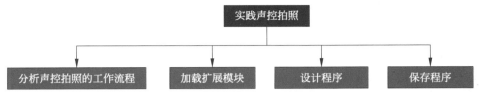

图 1-3-4 "实践声控拍照"活动参考思维结构图

参考学习流程如下。

1. 分析声控拍照的工作流程

这里我们以声音中包含"茄子"这两个字来开启拍照为例。首先打开摄像头、麦克风等硬件设备；然后通过麦克风采集语音输入，当识别到语音中有"茄子"一词时，就启动手机拍照功能并将照片保存到计算机中。

声控拍照程序的流程图如图 1-3-5 所示。

2. 加载扩展模块

在 Kittenblock 软件中，要实现这个功能我们需要用到 BaiduAI、Stage Captur 扩展模块，如图 1-3-6 所示。

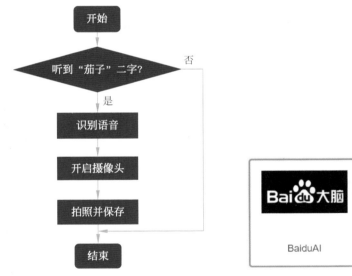

图 1-3-5 声控拍照程序的流程图

图 1-3-6 声控拍照所需扩展模块

3. 设计程序

使用图形化编程软件进行编程，就像平时搭乐高积木一样，从左侧积木仓库中寻找实现程序所需要的积木块，拖动到中间的程序编写区，将这些积木组合成一个完整的程序功能模块，实现我们想要的效果。

Kittenblock 软件左侧的积木仓库默认提供了 9 个分类的积木供我们使用，请大家自行探索一下每个分类下面的积木，想一想，这些积木长什么样？每种分类的颜色又是什么？

利用图形化编程实现声控拍照功能参考程序如图 1-3-7 所示。

4. 保存程序

完成程序编写之后，需要保存程序源文件，方便分享和修改。保存的方法如图1-3-8所示。

图 1-3-7　声控拍照 Kittenblock 程序　　　　　　　　图 1-3-8　保存项目

 拓展提升

智能语音拍照

大大，刚刚我已经用语音识别实现了声控拍照，它还能做得再智能一点吗？

当然可以，下面我就用 Kittenblock 实现一个智能语音拍照的功能。

探究活动三：智能语音拍照

活动要求：

1. 小组讨论分析智能语音拍照的工作流程。

2. 阅读教材，请同学们小组合作完成智能语音拍照的程序编写和测试。

"智能语音拍照" 活动参考思维结构图如图1-3-9所示。

图 1-3-9　"智能语音拍照" 活动参考思维结构图

与前面的简单声控拍照不同，这里的智能语音拍照除了能够实现语音拍照外，还需要程序能够根据用户的语音指令来实现摄像头的开启和关闭，并且如果用户在摄像头关闭的情况下进行拍照时还能给出"摄像头未打开，请打开摄像头"的提示，以达到智能拍照的效果。

智能语音拍照参考程序脚本如图 1-3-10 所示。

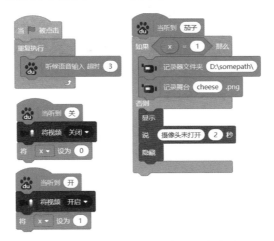

图 1-3-10　智能语音拍照参考程序脚本

探究活动四：弹性拓展（小组合作）

你能使用 Kittenblock 软件完成智能音箱项目，让它唱歌、念古诗，甚至和你聊天吗？

学完今天的课程之后我就有一个智能小助手了，这么丰富的人工智能模块真像个大宝库，我迫不及待想要尝试更多了！

哈哈，课后请同学们利用另一个小助手 Mind+ 实现同样功能，对比一下两个软件之间有什么不同吧！

📝 总结巩固

项目小结

本项目我们主要认识了人工智能图形化编程软件平台 Kittenblock；了解它的主界面和基本应用方法，并使用 Kittenblock 中的人工智能扩展模块实现了语音拍照功能，让同学们在实际的应用中体验人工智能技术给人们生活带来的便利。本项目的内容你都掌握了吗？

知识点比重：

体验声控拍照		10%
介绍智能小帮手		30%
设计声控拍照		40%
智能语音拍照		20%

思考与练习

思考：

根据声控开关灯的工作过程，思考并查阅资料，若要实现真实场景的开关灯，需要用到 Kittenblock 哪些扩展硬件模块？

练习：

通过体验 Kittenblock 和 Mind+，试着分析这两款软件工具在人工智能功能模块的优缺点。

参考文献及资料

[1] 阮德怀 . 5EX 模型在小学人工智能启蒙教学中的实证研究 [J]. 中国信息技术教育，2020（17）：19-21.
[2] 袁中果，常青，龚超 . 以课程群建设推动中小学人工智能教育普及 [J]. 中小学数字化教学，2021（4）：14-18.

32

惊奇就是科学的种子。

——爱迪生

项目四　牛刀小试——规划未来小镇

我们生活的方方面面都能见到 AI 的影子，如 AI 拍照、导购机器人、无人商店、无人机、无人驾驶等。融入了 AI 技术的应用范例和应用场景正在不断地改变着我们的生活方式，为我们带来更高效、更便利的生活新体验。那未来小镇将会有些什么智能场所呢？

本项目以规划未来小镇这个主题进行项目的探究学习，可分解成：①畅想未来小镇；②构建未来小镇；③图示未来小镇；④解说未来小镇；⑤项目小结。本项目选用智能工具软件 Kittenblock 规划设计出我们心中充满神奇魔力的未来小镇。通过五个环节层层递进，逐步规划设计未来小镇，最后完成整个项目。整个过程体现了利用计算机解决问题的思维和过程。同学们在以后的学习和生活中，遇到类似的问题也可以借助计算机来解决。

情境导入

随着人工智能逐渐深入我们的生活，我们的城市也逐渐变得智能化。那什么是智慧城市呢？智慧城市是指在城市规划、设计、建设、管理与运营等领域中，通过物联网、云计算、大数据、空间地理信息集成等智能计算技术的应用，使城市管理、教育、医疗、房地产、交通运输、公用事业和公众安全等城市组成的关键基础设施组件和服务更互联、高效和智能，从而为市民提供更美好的生活和工作服务，为企业创造更有利的商业发展环境，为政府赋能更高效的运营与管理机制。灰灰同学跃跃欲试，在人工智能专家大大的指导下以智慧城市为缩影，以未来小镇为蓝本，畅想规划未来小镇。灰灰规划设计的未来小镇是什么样子，让我们一起去看看吧！

本项目内容结构及学习环节

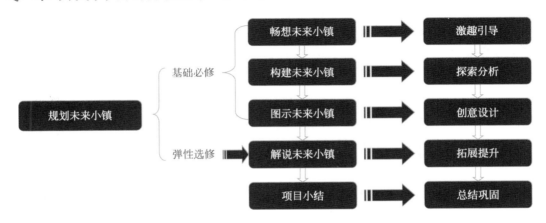

激趣引导

 大大，前面我们简单想象了未来小镇的智能场景，可是如何将这些精彩的想象展现出来呢？

想要展现出来，我们还得对小镇进行更深入的规划。

 我们要怎样进行规划呢？

要规划未来小镇，我们可以先进行大胆畅想，再进行构建，然后用图展示出来，最后添加解说文字就可以啦！赶紧根据这个过程设计规划未来小镇的思维结构图吧！

 "规划未来小镇"项目参考思维结构图如图 1-4-1 所示。

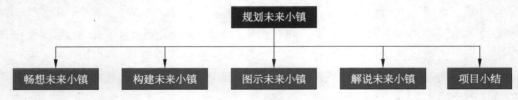

图 1-4-1 "规划未来小镇"项目参考思维结构图

畅想未来小镇

 灰灰，现在知道怎么规划未来小镇了吗？

当然知道！首先大胆畅想我们的未来小镇，然后构建未来小镇的智能建设元素，再用图进行规划设计，最后解说小镇中的智能建设元素。

34

对！你真聪明！要规划好未来小镇，我们首先要对未来小镇进行更深入的思考和定位，要体现它的智能化、科技感和先进性。

嗯，未来小镇作为智慧城市的一部分，应该按照智慧城市进行规划设计，但是要从哪里入手呢？

未来小镇也是智慧城市的一个缩影，我觉得我们可以从未来小镇定位、未来小镇特征、未来小镇建设三个方面来畅想并进行设计规划。

探究活动一：畅想未来小镇

活动要求：

1. 上网查阅相关资料，了解有关智慧城市的介绍、建设理念、规划设计等。

2. 选择一个智能情境，充分发挥想象力，大胆设想未来小镇中的规划场景，说说你心中的未来小镇。

3. 结合相关的资料，试着绘制出"畅想未来小镇"活动的思维结构图。

"畅想未来小镇"活动参考思维结构图如图 1-4-2 所示。

图 1-4-2 "畅想未来小镇"活动参考思维结构图

未来小镇的建设重点是智能化，它体现在未来城镇发展过程中。在未来小镇的基础设施、资源环境、社会民生、经济产业、市政治理等领域中都可以体现智能化。我们可以通过充分利用物联网、互联网、云计算等技术手段，对居民的生活工作、企业的经营发展和政府行政管理等相关活动进行智慧的感知、分析、集成和应对。

未来小镇的核心是构建新型智慧城市运行生态系统和城市产业生态系统。它的建设要体现智慧化、绿色健康，它是一个集结各种智慧应用功能的智慧小镇。

1. 智慧化

未来小镇的建设要建立在智能型信息基础设施之上。而未来小镇的信息化建设应该充分运用物联网技术，将小镇每一个智能设备作为一个物理节点，全面接入网络，实现特色小镇的万物互联，形成全新的网络运行支撑环境，可以通过各个物理节点采集、存储、整理、识别、分析各种数据形成完整的数据产业链，以这些数据和应用为基础，建设一个开放的、开源的平台，形成一个有效的智慧化生态系统。

2. 绿色健康

未来小镇要构建和形成智慧生态。它将超越城市建设与环境保护的层次，更多地融合社会、文化、历史、经济、产业等因素，向更加全面的方向发展，成为社会、经济、文化和自然高度和谐的复合生态系统。其物质变换、能量流动和信息传递，构成了环环相扣、协同共生的网络，实现物质循环再生、能量充分利用、信息反馈调节、人与自然协同共生，形成可持续发展。

3. 配套服务更智能

在未来小镇，通过"互联网＋教育""互联网＋医疗""互联网＋文化"等惠民工程，让数字化、网络化、智能化技术发展成果惠及小镇居民。小镇生活的智慧化升级后，网络将无处不在、智慧触手可及，统一开放的政府数据平台，高效、精准、便捷的公共服务；大数据分析，图像识别技术广泛运用，智慧小区、移动警务建设完善，智慧安防让人享有平安和谐之"网"；智慧亭、手机城市、停车引导系统提供极大便利，虚拟现实、互联网博物馆等带来全面感知，智慧旅游让人享受休闲度假之乐。互联网医院实现与全国数千家重点医院的深度连接，汇聚20多万个名医资源，破除传统医疗之"病"……智慧养老、智慧教育、智慧城管等智慧应用功能。

请同学们小组讨论，说说自己心目中的未来小镇吧！

 探索分析

构建未来小镇

大大，我们都想把未来小镇建设成为超级智能的智慧小镇，但是要构建的东西太多，短时间内难以实现，那么怎样设计才能突出体现它的超级智能呢？

那当然是将人工智能技术融入人们的日常生活中了！

那要如何进行构建呢？

相信阅读下面资料后，你会从中得到启发。

关于未来小镇的构建启示。

智慧社区：人脸门禁、智慧停车、智慧消防、智能垃圾分类投放点；小区人、车、房、事、服务的统一管理。

智慧交通：利用人工智能、大数据、云计算等互联网技术实现自动驾驶、人与车、车与车和车与路的信息交互；开展车辆的主动安全控制和协同管理，提高交通安全，提升通行效率。

智慧医疗：医疗大数据、远程医疗、分级会诊促进城镇医疗服务。

智慧教育：资源云化，以学习者为中心，因材施教，提升教学效率。

智慧农业：天地空一体化智能感知系统，构建全天候、大范围、高效率、立体化的农业信息感知矩阵。

 创意设计

图示未来小镇

大大，我对未来小镇的规划已经越来越清晰了，要如何将我的规划展示出来呢？

我们可以借助智能工具将所规划建设的内容用图展示出来。

那具体要怎样做呢？

我们可以先准备好体现超级智能的图片材料，再通过智能工具添加地图，然后添加一些角色，这张简单的未来小镇规划图就做好啦！

"图示未来小镇"参考思维结构图如图 1-4-3 所示。

图 1-4-3 "图示未来小镇"参考思维结构图

探究活动二：图示未来小镇

活动要求：

1. 发挥你的想象，绘制或选用地图素材，设计富有创意的规划地图。

2. 请同学们试着绘制或添加小镇建设的元素，选用相关的工具设计出你心中的未来小镇规划图。

图 1-4-4 所示为未来小镇的参考地图。

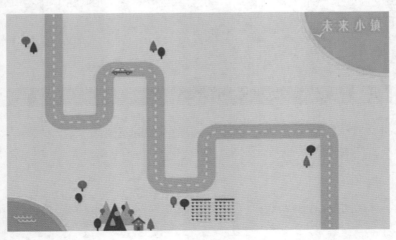

图 1-4-4 未来小镇参考地图

下面我们用一些素材进行组合设计，也可以自行绘制角色图片素材，使用的软件是 Kittenblock，在未来小镇地图上添加一些角色。以某一角色为例，具体操作参考如下步骤。

第一步：打开 Kittenblock 工具新建项目，选择右下角角色 1 黑色小猫，单击功能区的"隐藏"按钮将其隐藏。然后开始用智能工具展示未来小镇的项目设计。

第二步：添加小镇地图。在 Kittenblock 软件界面右下角单击"选择一个背景"按钮，选择"上传背景"按钮，将未来小镇地图添加至舞台中，操作如图 1-4-5 所示。

图 1-4-5　上传背景的操作方法截图

　　第三步：添加角色。在 Kittenblock 软件右下角单击"选择一个角色"按钮，上传角色。选择想要加入的图片，将其放置在小镇地图上。将小镇的规划内容依次以角色的方式添加，添加后需要在角色对应设置中调整其显示大小。单击右上角舞台显示区的对应角色，按住鼠标左键拖动便可实现角色位置的调整。各角色位置的放置可根据自己对小镇的规划需要来确定。参考操作方法如图 1-4-6 所示。

39

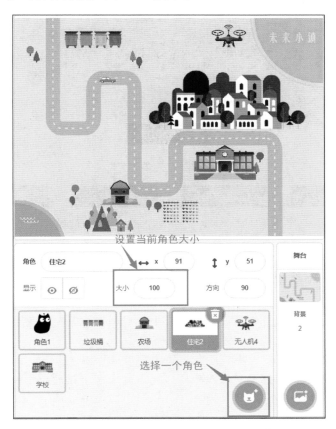

图 1-4-6　添加角色并设置大小操作方法截图

拓展提升

解说未来小镇

大大，未来小镇已经规划并图示，但居民们对这些智慧场景的作用和功能不太熟悉。

嗯，那你有什么办法让大家尽快熟悉这些场景呢？

如果能对相应智慧场景以文字或声音的形式做一个解说，将我们的未来小镇介绍给大家就更好了。

这个不难，我们可以先对各场景功能进行小组讨论，得出要添加的模块有哪些，再编写程序来实现对小镇某些智慧场景的介绍，测试运行正常即可。

"解说未来小镇"参考思维结构图如图 1-4-7 所示。

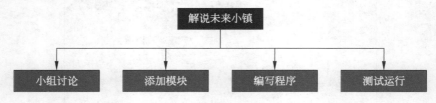

图 1-4-7 "解说未来小镇"参考思维结构图

探究活动三：介绍未来小镇（小组合作）

活动要求：

1. 小组内讨论分析，试着在已设计的未来小镇规划图中某一建设元素旁添加相应的文字介绍。

2. 小组合作试着利用语音模块将所介绍的文字用语音朗读出来。

3. 小组合作试着添加其他素材进入地图，完善对未来小镇的规划设计，并设置它的智能语音提示。

活动分析参考流程如下。

在本活动环节中，以住宅角色为例，当鼠标移到住宅角色上时，朗读智慧住宅的功能解说。

我们对该问题进行分析，发现需要对角色进行一个判断，而且这个判断需要不断地检测是否碰到鼠标指针，如果是，则朗读该角色的功能。

因此本程序对角色处理的算法流程如图 1-4-8 所示。

注意，这个算法步骤是在某一角色上执行的。因此，程序编写前，需要先在右下角舞台元素配置区单击选中对应角色，然后在程序编辑区编写程序，下面以"住宅"角色对应参考程序编写为例，其中朗读的部分采用 BaiduAI 扩展模块的"文字转语音"积木块，具体如图 1-4-9 所示。

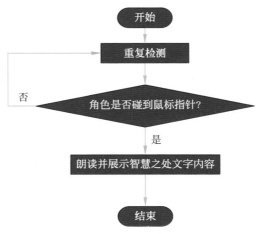

图 1-4-8　角色对应算法流程图

图 1-4-9　"住宅"角色对应参考程序

为了让鼠标指针移至该角色时，让角色凸显，可将该角色放大一点，并在该角色上显示将要朗读的文字内容，这样让未来小镇规划显示更友好。效果如图 1-4-10 所示。

图 1-4-10　"住宅"角色放大和显示解说内容

41

因此，可以在程序中加入外观模块里的"将大小增加"积木块和"说"积木块。
参考程序如图 1-4-11 所示。

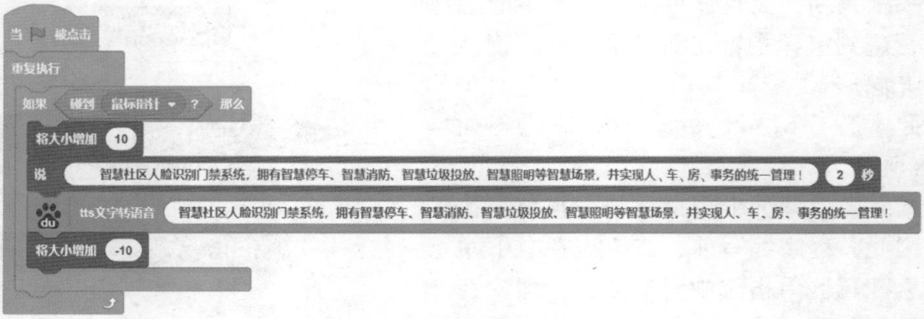

图 1-4-11　语音朗读参考程序

总结巩固

项目小结

本项目我们通过对未来小镇展开畅想，用智能工具对小镇进行规划构建，并用图示的方式进行展示，利用智能工具对小镇的元素进行解说，实现了对未来小镇的整体规划。本项目的内容你都掌握了吗？

知识点比重：

畅想未来小镇　20%
构建未来小镇　30%
图示未来小镇　30%
解说未来小镇　20%

思考与练习

思考：
智慧住宅里的智慧家居如何实现语音解说？
练习：
小组合作绘制未来小镇繁荣的场景，添加相关的文字和语音解说，编程实现智能时代的"清明上河图"！

参考文献及资料

阮德怀 .5EX 模型在小学人工智能启蒙教学中的实证研究 [J]. 中国信息技术教育，2020（17）：19-21.

追上未来，抓住它的本质，把未来转变为现在。

——车尔尼雪夫斯基

第二章

未来小镇初建设

　　同学们，通过第一章的学习我们对人工智能有了初步的了解，也对未来小镇有了自己的理解和设想。本章我们将学习自然语言处理技术，通过文字识别模拟房间的智能灯光控制系统，通过语音合成实现小镇时事新闻的智能广播，通过语音交互技术模拟智能迎宾机器人，通过人工智能模块实现智能天气预报系统，了解人工智能是如何帮助人们更好、更准确地预测天气的，还会通过图像识别和文字识别技术让计算机认识我们的车牌号码，并模拟实现一个我们生活中常见的"智能车牌识别"系统，利用机器翻译开发一个智能翻译程序！

　　怎么样，心动了吧？

　　下面就让我们一起学习这些酷炫的人工智能技术及其应用，共同建设我们心中的未来小镇吧！

项目五　唯命是从——智能房间

　　智能家居是以住宅为平台，利用综合布线技术、网络通信技术、安全防范技术、自动控制技术、音视频技术，将家居生活相关的设备集成起来，构建可集中管理、智能控制的住宅设施管理系统，从而提升家居的安全性、便利性、舒适性、艺术性，并实现环保节能的居住环境。自然语言处理是计算机科学领域与人工智能领域中的一个重要方向。它研究能实现人与计算机之间用自然语言进行有效通信的各种理论和方法。本项目通过程序模拟智能家居，融入自然语言处理技术，用自然语言（文本）模拟实现对房间内虚拟的智能设备进行控制，让房间变得更加智能。

　　本项目就智能房间这个主题进行分析，把智能房间这个复杂的项目简单化，分解成：①初识智能家居；②初探灯光控制；③控制多种电器；④初识自然语言处理；⑤项目小结。五个环节相互关联、层层递进，逐步解决问题，最后完成整个项目。整个过程体现了利用计算机解决问题的思维和过程，同学们在以后的学习和生活中，遇到类似的问题也可以借助计算机，解决生活中的实际问题！

情境导入

　　灰灰规划好未来小镇以后，又接到了新的任务——设计智能房间。未来小镇的智能房间会是什么样的呢？当然跟普通的房间不一样啦。智能房间所有的设备都可以由计算机控制。只要你输入一段文字，计算机就可以按照你的意思完成相应的工作。光线不好了，要开灯？没问题。有点热，想吹电风扇？没问题。想看看窗外，要拉开窗帘？没问题。自然语言处理能够帮助计算机理解你的命令，让智能家居执行你的命令，让你拥有舒适的居家感受！这么舒适便捷的智能房间到底要怎样才能设计实现呢？让我们带着疑问一起跟着灰灰和大大去设计实现吧！

本项目内容结构及学习环节

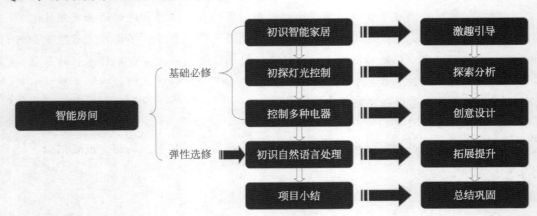

激趣引导

 大大，现在的智能房间真方便，到底怎样才能实现智能房间呢？

灰灰，智能房间中所涉及的人工智能技术还不少呢！

 哦，好像蛮复杂的样子？我们可以实现吗？

哈哈，不用担心，我们可以将复杂的事情分解成一个个小项目来实现。话说："一盏灯就可以横扫人工智能"，下面就让我们从实现智能灯光控制开始吧！

45

探究活动一：智能房间项目可行性分析（小组合作）

活动要求：

1. 上网查询相关的资料，分小组探讨"智能房间"项目的可行性。

2. 试着通过分析智能房间的实现过程，绘制完成"智能房间"项目的思维结构图。

"智能房间"项目参考思维结构图如图 2-5-1 所示。

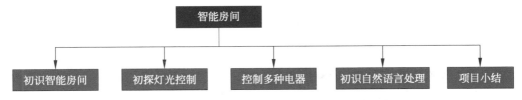

图 2-5-1 "智能房间"项目参考思维结构图

　　智能房间中的家电等均用无线网络连接，其中包括射频识别（RFID）技术、掌纹识别技术和声控技术等。人一旦进入房间，它就会准确报出来者的基本信息。在智能屋中，清晨起床时间一到，卧室音响设备就会自动播放主人爱听的"起床曲"唤醒主人；梳洗间的电灯也会随着主人的进入自动亮起；与此同时，厨房的咖啡壶会自动煮水，计算机会根据包装袋上的无线电频率识别码识别出食物种类，并给出早餐菜谱建议；在客厅里，主人只需轻按综合功能遥控器，就可以十分方便地通过家庭影院系统播放电视节目、上网查询邮件和当天的重要新闻；睡觉前摸一下"晚安"键，家庭主控系统会进入"晚间休息模式"。此刻，家中的灯全部熄灭、窗帘落下、大门锁好、防盗报警与自动探头同时开始工作……

这个智能房间的智能技术看起来比较复杂，也不是我们现在能实现的。但我们可以设计一个简单的智能房间项目，比如先让房间实现简单的开灯、关灯程序，再通过中央控制，将人的开灯和关灯指令传递给智能家电，最后通过训练开灯和关灯的算法模型，编程实现智能开、关灯，这样一来就把复杂的问题简单化了。

初识智能家居

我们首先了解智能房间是怎么工作的？智能房间里面有很多智能家电，这些智能家电和计算机通过路由器连接在同一个网络。智能家电作为智能家居的组成部分，能够与住宅内其他家电和家居、设施互联组成系统，实现智能家居功能（图 2-5-2）。

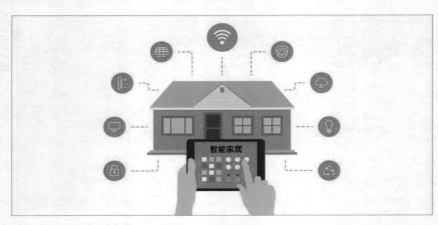

图 2-5-2　智能家居示意图

探究活动二：智能家居（小组合作）

活动要求：

1. 小组内讨论，说说你熟悉的智能家居。

2. 小组内讨论分析人和智能家电交互的过程，试着绘制人和智能家电交互的示意图。

智能家居系统示意图如图 2-5-3 所示。

通过分析我们可以发现，在智能家居系统里，人类向计算机输入指令，计算机通过网络把指令传递给智能家电，实现智能控制。这里的计算机既指台式计算机、便携式计算机（笔记本电脑和平板电脑），也包括智能手机。

图 2-5-3　智能家居系统示意图

 探索分析

初探灯光控制

我明白了人和智能家电的交互过程，但是计算机要怎样才能理解我们输入的指令呢？

我们可以编个程序来模拟计算机接受指令、控制智能家电的过程。例如通过智能开关控制开灯、关灯。

探究活动三：编程模拟开、关灯（小组合作）

活动要求：

1. 小组内探讨"编程模拟开、关灯"的可行性，并绘制出项目结构图。
2. 如何上传角色"台灯"？如何编程实现开灯和关灯？请小组内讨论分析。

"编程模拟开、关灯"参考思维结构图如图 2-5-4 所示。

参考程序如图 2-5-5 所示。

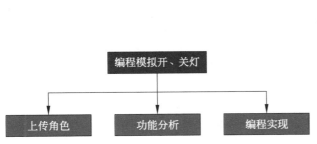

图 2-5-4　"编程模拟开、关灯"参考思维结构图

图 2-5-5　开灯、关灯参考程序

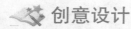

创意设计

控制多种电器

控制一台智能家电看上去很容易嘛，智能房间可要控制很多台电器呢！

不管多少台，我们都是把指令输入计算机，模拟中央控制的方式。

探究活动四：中央控制多台智能家电

活动要求：

1. 在上面程序的基础上新增一个设备，例如上传角色"风扇"，编程实现模拟控制两台智能家电。

2. 测试并运行程序，思考是否还可以多增加几个设备，请说出你的理由。

48

中央控制多台智能家电参考程序如图 2-5-6 所示。

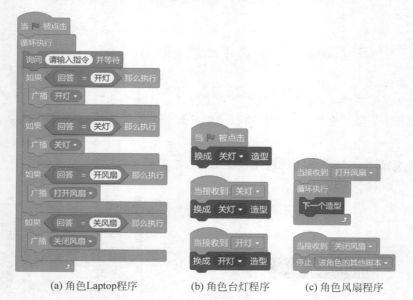

(a) 角色Laptop程序   (b) 角色台灯程序   (c) 角色风扇程序

图 2-5-6 中央控制多台智能家电参考程序

拓展提升

初识自然语言处理

灰灰，你已经能够熟练地控制智能电器了！

大大，到现在我的智能房间任务是不是就实现了呢？

灰灰，前面只是普通的编程……真正的智能房间里的智能家居好多是靠语音指令，通过自然语言处理让计算机执行你的智能程序！

自然语言处理？这我可得好好了解一下。

49

　　精确的指令只需简单的判断语句就可以处理了，如果用日常的语言来发布指令，这么简单的程序就无能为力了。试着输入"打开灯吧！"，看看有没有反应。要想让计算机理解人类的日常语言，需要借助自然语言处理技术。

　　自然语言处理（natural language processing，NLP）属于人工智能的一个子领域，是指用计算机对自然语言的形、音、义等信息进行处理，即对字、词、句、篇、章的输入、输出、识别、分析、理解、生成等的操作和加工。它对计算机和人类的交互方式有许多重要的影响。用自然语言与计算机进行通信，人们可以用自己习惯的语言使用计算机，而无须再花大量的时间和精力去学习难懂的计算机语言；人们也可通过它进一步了解人类的语言能力和智能的机制。

　　现代 NLP 算法是基于机器学习，特别是统计机器学习。许多不同类的机器学习算法已应用于自然语言处理任务。这些算法是从输入的一大组自然语言数据中学习，从中生成一些"特征"，通过大量的训练和学习测试，让此类机器学习算法模型具有能够表达许多不同可能的答案，通过对比分析得出对人类自然语言相对准确的理解。

　　为了便于理解，接下来我们可以借助 Machine Learning for Kids 网站平台来体验自然语言处理技术的魅力。

探究活动五：初识自然语言处理（小组合作）

活动要求：

1. 使用 Machine Learning for Kids 平台功能体验训练模型的应用。

2. 小组合作实现输入的文本智能控制风扇和电灯开关，试着编程实现。

初识自然语言处理参考思维结构图如图 2-5-7 所示。

模型训练的参考步骤如下。

第一步：登录 Machine Learning for Kids 网站并创建一个项目（图 2-5-8）。需要注意的是，项目名称不能使用中文。

图 2-5-7　初识自然语言处理参考思维结构图

图 2-5-8　登录 Machine Learning for Kids 创建一个项目

第二步：训练语言模型，添加训练标签和示例（图 2-5-9）。需要注意的是，标签不能用中文命名。示例可以使用中文。

图 2-5-9　添加学习项目标签

50

第三步：学习并测试训练效果。每个标签都需要反复用不同的语句进行测试（图 2-5-10）。

图 2-5-10　培养并测试模型结果

第四步：使用平台图形化编程环境应用训练好的模型。

模型应用参考程序如图 2-5-11 所示。

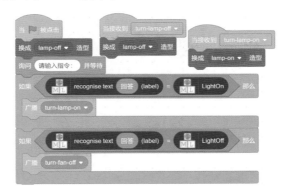

图 2-5-11　模型应用参考程序

51

总结巩固

项目小结

本项目我们先完成一个程序的框架和流程，然后修改细节并完成最终的程序。这种先有整体，再有细节的方法，大家可以经常用。从模拟控制一台智能电器到以计算机为中心控制多台智能电器，从精确指令在程序中的运用到用机器学习的方式对 AI 进行训练，体验自然语言处理技术的魅力。本项目的内容你都掌握了吗？

知识点比重：

项目	比重
初识智能家居	15%
初探灯光控制	35%
控制多种电器	35%
初识自然语言处理	15%

思考与练习

思考：

如果我们给出的指令是语音而不是文本，程序中哪些积木块不变，哪些积木块要调整?

练习：

设计一个通过自然语言文字控制小猫运动方向的 AI 训练方案及程序。

参考文献及资料

[1] 李轩宇，李御龙.基于 Python 的人机对话自然语言处理 [J].科学技术创新，2021（24）：83-85.

[2] 蒲伟，王恒.基于自然语言处理的问答系统综述 [J].科技创新与应用，2021，11（22）：77-79.

[3] 车万翔，郭江，崔一鸣.自然语言处理：基于预训练模型的方法 [M]北京：电子工业出版社，2021.

人工智能的关键性问题是其表现形式。

——杰夫·霍金斯（Jeff Hawkins）

项目六 广而告之——文字朗读

　　文字朗读技术涉及声学、语言学、数字信号处理、计算机科学等多个学科的技术，它是将计算机自己产生的或外部输入的文字信息转变为可以听懂的、流利的汉语口语并输出的技术，也就是让机器像人一样开口说话。

　　本项目就文字朗读这个主题进行分析，把文字朗读这个大的项目分解成：①文字朗读项目可行性分析；②初识文字朗读；③实时播音；④功能拓展；⑤项目小结。通过这五个环节，层层递进，逐步解决问题，最后完成整个项目。整个过程体现了用计算机解决问题的思维和过程，同学们在以后的学习和生活中，遇到类似的问题也可以借助计算机，让我们的学习与生活因文字朗读而更加精彩有趣！

情境导入

　　有了智能房间的小镇，当然需要各种智能的配套设施。小镇建设了智能停车场，还要建设智能超市、机器人餐馆、智能图书馆、智能广播站……程序员灰灰接受了建设智能广播站的任务。广播传播范围广，传播速度快，穿透能力强，即使在网络无处不在的今天，广播的作用也是不可替代的。广播是靠声音传播的。声音的魅力在于，它不仅传播了信息，还对这些信息融进了传播方的认识，从而对人们理解、接收信息提供帮助，加以引导。灰灰给智能广播站的建设项目起了一个名字——文字朗读。你能和灰灰一起完成这个项目吗？

本项目内容结构及学习环节

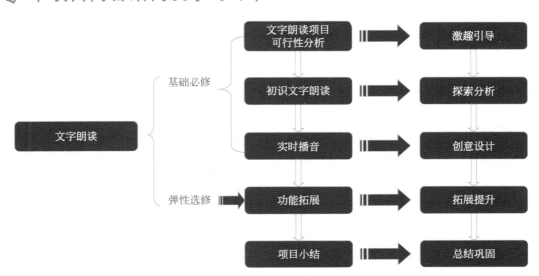

激趣引导

大大，我想为我们的人工智能小镇搭建一个智能广播系统，方便小镇居民获取信息。

好呀，灰灰，说说你的设想吧。

大大，我觉得只需要把要广播的内容录制下来，编个程序自动播放就可以啦。

灰灰，会是这么简单的事吗？下面我们就一起来探究一下，录音广播是不是能够满足智能广播的要求吧！

文字朗读项目可行性分析

54

探究活动一：录音播放的可行性

活动要求：

1. 结合生活实际，说一说生活中有哪些场所用到了录音播放。
2. 小组内探讨分析表 2-6-1 中所列的事项利用录音播放的可行性。

表 2-6-1　录音播放的可行性研究

以下哪些内容可以用录音的方式实现广播？					
社会主义核心价值观宣传	☐	食品安全宣传	☐	文明城市宣传	☐
停车场空闲车位数通报	☐	寻人启事	☐	交通安全宣传	☐
每日天气播报	☐	垃圾分类宣传	☐	餐馆空余桌位	☐

大大，通过上面的分析，我发现有些需要实时广播的内容用录音的办法根本做不到，还是广播员播音合适些。

灰灰，不要灰心。或许文字朗读可以帮助我们哦。

> 大大，太好了。如果有了自动朗读文字的功能，那只需要给程序提供文字材料，就可以广播了，哈哈！

探究活动二：文字朗读的可行性

活动要求：

1. 分小组探讨"文字朗读"项目的执行过程是什么？
2. 小组内试着合作完成"文字朗读"项目思维结构图。

任务说明如下。

广播是指通过无线电波或导线传送声音的新闻传播工具。通过无线电波传送节目的称无线广播，通过导线传送节目的称有线广播。广播诞生于20世纪20年代。广播具有受众广泛、传播迅速、功能多样、感染力强等优势。

文字朗读项目（即智能自动广播）具有的功能应该包括：定时播放、实时播放（直播）、自动播放录音、自动播放文字信息、紧急广播、无线数据接收等。

"文字朗读"项目参考思维结构图如图 2-6-1 所示。

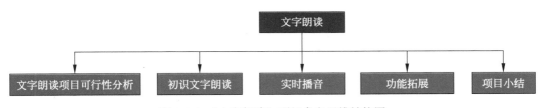

图 2-6-1 "文字朗读"项目参考思维结构图

 ## 探索分析

初识文字朗读

文字朗读技术又称文语转换（text-to-speech）技术，这种技术隶属于语音合成，能将任意文字信息实时转化为标准流畅的语音朗读出来，相当于给机器装上了人工嘴巴。

文语转换过程是先将文字序列转换成音韵序列，再由系统根据音韵序列生成语音波形。其中第一步涉及语言学处理，例如分词、字音转换等，以及一整套有效的韵律控制规则；第二步需要先进的语音合成技术，能按要求实时合成高质量的语音。

> 语音合成是利用电子计算机和一些专门装置模拟人制造语音的技术。

在 Kittenblock 中，我们可以在扩展模块中加载 BaiduAI 模块（图 2-6-2）。

图 2-6-2　加载 BaiduAI 模块步骤

探究活动三：初探文字朗读

活动要求：

1. 打开 Kittenblock，加载 BaiduAI 模块，测试语音朗读模块是否正常工作。设置不同的"嗓音"，体验朗读效果的区别。

2. 小组合作分析"初探文字朗读"编程实践的思维结构图。

"初探文字朗读"活动参考思维结构图如图 2-6-3 所示。

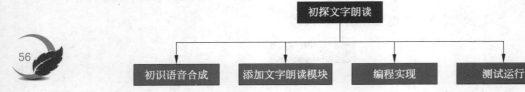

图 2-6-3　"初探文字朗读"活动参考思维结构图

参考程序如图 2-6-4 所示。

图 2-6-4　初探文字朗读测试参考程序

定时广播

大大，文字朗读播音虽然方便了很多，但还是需要按键才能触发，能不能自动播放呢？

我们可以设计一个定时播放功能，每 10 分钟自动播放一次。

56

探究活动四：实现定时广播

活动要求：

1.为了加强流感的防控工作，城市里有流动宣传车宣传防护的重要性，农村地区会通过大喇叭广播的形式向大家宣传防护知识。请以小组为单位写出宣传标语。

2.试着编程实现定时对宣传标语进行播音，每次广播间隔10分钟。

"定时广播"活动参考思维结构图如图2-6-5所示。

图2-6-5 "定时广播"活动思维结构图

参考程序如图2-6-6所示。

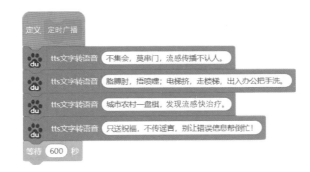

图2-6-6 定时广播活动参考程序

小思考：

每次广播间隔10分钟，测试一次的时间太长了！要怎么做才能既完成程序的测试，又不花费太多的时间呢？

 创意设计

实时播音

 大大，定时广播虽然能自动播放消息了，但流感信息每天都在变化，而定时广播只能重复同样的内容，显然不能满足我们的需求。

灰灰，我们可以使用智能广播来获取当前的最新信息并做实时播报，帮助小镇居民更好地防范流感传播。

探究活动五：实时播音

活动要求：

1. 小组内对"实时播音"活动进行分析，完成项目思维结构图。

2. 如何编程实现获取最新流感数据，对变量进行赋值，并且通过合并模块完成播报内容的合成呢？请编写你的程序。

"实时播音"活动参考思维结构图如图2-6-7所示。

图2-6-7 "实时播音"活动参考思维结构图

58

小镇的流感实时广播系统需要智能地播报当前最新的流感信息，我们可以通过网络获取最新流感信息。在程序里面，使用键盘输入模拟通过网络自动获取实时信息，并进行广播。

实时播音参考程序如图2-6-8所示。

图2-6-8 实时播音参考程序

 **拓展提升**

功能拓展

大大，实时播音现在确实可以更新信息了，但是用起来感觉还是不够智能，我们能对它进行功能拓展吗？

灰灰，当然可以，我们将定时广播和实时播音的功能进行整合，让我们的智能广播更加智能。

探究活动六：智能广播

活动要求：

1. 如何实现实时播音的扩展呢？试着优化上面的实时播音程序，实现实时播音与定时广播的切换。

2. 思考如何协调好定时广播和实时播音之间的时间关系。编写出你的程序。

智能广播参考程序如图 2-6-9~ 图 2-6-11 所示。

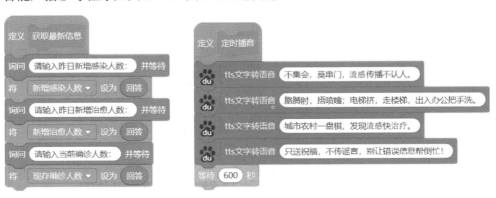

图 2-6-9　定义两个自制积木参考程序

图 2-6-10　按空格键更新信息参考程序

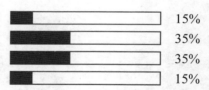

图 2-6-11　获取更新信息继续播报参考程序

✏️ 总结巩固

项目小结

本项目在文字朗读的基础上，我们学习了定时广播和实时播音及智能广播，实现了文字朗读项目。

本项目的内容你都掌握好了吗？

知识点比重：

文字朗读项目可行性分析	▮▮▯▯▯▯▯▯▯▯	15%
初识文字朗读	▮▮▮▮▯▯▯▯▯▯	35%
实时播音	▮▮▮▮▯▯▯▯▯▯	35%
功能拓展	▮▮▯▯▯▯▯▯▯▯	15%

思考与练习

思考：

在实时播音中，我们通过键盘输入获取最新流感信息，你有没有更好的方案能使程序自动从网络上获取信息？

练习：

自然灾害的提前预警和广播在保护人民群众生命和财产安全方面有着非常重要的价值和意义，你能设计一个针对某种自然灾害的预警广播方案吗？

参考文献及资料

[1] 张磊，杨敏，李艳．远程智能语音广播系统研发与应用 [C].第十一届防汛抗旱信息化论坛论文集，2021：159-162.

[2] 王斌，王育军，崔建伟，等．智能语音交互技术进展 [J].人工智能，2020（5）：14-28.

虽然还没人提及，但我认为人工智能更像是一门人文学科。其本质，在于尝试理解人类的智能与认知。

——塞巴斯蒂安·特伦（Sebastian Thrun）

60

项目七　语音交互——迎宾机器人

　　语音交互属于自然语言理解与交流，是基于语音输入的新一代交互模式，可通过说话就得到反馈结果，是人工智能的分支之一。典型的应用场景是语音助手，自从 iPhone 4S 推出 Siri 后，智能语音交互应用得到飞速发展。

　　本项目以迎宾机器人为主题，分解成：①语音输入；②语音识别；③互动响应；④智能互动；⑤项目小结。通过这五个环节，层层递进，逐步解决问题，最后完成整个项目。整个过程体现了用计算机解决问题的思维和过程。日常生活中，我们经常会看到各种迎宾机器人，但是对于它们与人之间的语音交互到底是如何实现的，我们还是不太了解，那么今天我们将一起来解开这个疑问！

情境导入

　　小镇越来越繁荣，优美的风景和便利的服务吸引了大量休闲的人群。迎接宾客的叔叔阿姨们嗓子都哑了。刚和天猫精灵聊完天的灰灰想：如果镇子里有像天猫精灵一样聪明的迎宾机器人，叔叔阿姨们就不用这么辛苦了。可是如何开发出迎宾机器人呢？灰灰和大大开始探讨了起来，让我们一起看看吧！

本项目内容结构及学习环节

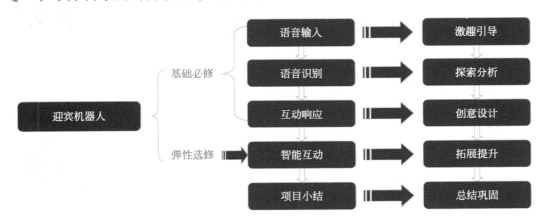

激趣引导

> 大大，小镇的客人越来越多了，迎宾的叔叔阿姨们都太辛苦了，人工智能技术能够帮助他们吗？

灰灰，当然，我们可以使用人工智能技术开发一个智能迎宾机器人来帮助大家。

哦，这么好！那我们赶紧开始吧！

别急，让我们先对整个项目分析一下吧！

探究活动一：项目分析

活动要求：

1. 通过小组合作分析实现"迎宾机器人"项目需要用到哪些人工智能技术。
2. 语音交互需要实现哪些功能？试着设计出整体项目思维结构图。

同学们，迎宾机器人是一个综合性的项目，涉及很多功能模块。

大大，那我们该从哪个功能开始设计开发呢？

灰灰，要经过语音输入、语音识别、互动响应和智能互动四个环节哦。

哈哈，我知道怎么设计迎宾机器人项目开发的思维结构图啦！

"迎宾机器人"项目参考思维结构图如图 2-7-1 所示。

图 2-7-1 "迎宾机器人"项目参考思维结构图

语音输入

探究活动二：语音输入

活动要求：

1. 阅读相关资料了解语音输入设备有哪些？说一说你熟悉的语音输入设备。

2. 如何测试麦克风是否正常工作？请同学们小组内合作探究。

麦克风，学名为传声器，由英语 microphone（送话器）翻译而来，也称话筒、微音器（图 2-7-2）。麦克风是将声音信号转换为电信号的能量转换器件。分类有动圈式、电容式、驻极体和硅微传声器，此外还有液体传声器和激光传声器。大多数麦克风都是驻极体电容器麦克风，其工作原理是利用具有永久电荷隔离的聚合材料振动膜。

传统的计算机麦克风可以连接计算机上的 3.5mm 麦克风接口（图 2-7-3）。与耳机接口形状相同，但一般会用不同的颜色和标志进行区分。

直插式麦克风

带底座麦克风

图 2-7-2　不同样式的麦克风

麦克风接口　　　　耳机接口

图 2-7-3　计算机上的 3.5mm 音频接口

在生活中更常见的是将耳机和麦克风集成到一个设备的耳麦。我们可以根据耳麦接口确定连接计算机的方式（图 2-7-4）。

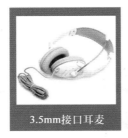
3.5mm接口耳麦

USB接口耳麦

蓝牙接口耳麦

图 2-7-4　不同接口的耳麦

小贴士：

　　我们可以利用 Windows 系统中的录音机软件来测试麦克风连接计算机后是否能够正常工作。另外，笔记本电脑、平板电脑、手机、天猫精灵等设备会集成内置麦克风。通过观察耳麦接口的形状来区分 3.5mm 接口和 USB 接口的耳麦。而没有连接线的耳麦，一般就是蓝牙接口了。

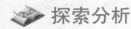 探索分析

语音识别

探究活动三：初识语音识别

活动要求：

1. 阅读下文，了解语音识别过程，思考语音识别的原理是什么。

2. 小组合作探究分析，试着设计出语音识别的执行流程图。

> 大大，麦克风测试好了，那现在我们可以和计算机对话了吗？

> 灰灰，没那么简单，麦克风的作用只是将我们的声音输入计算机，要让计算机能听懂我们的语言还需要用到一项重要的人工智能技术——语音识别。

> 大大，语音识别技术这么厉害，快给我们讲讲吧。

与机器进行语音交流，让机器明白你说什么，这是人们长期以来梦寐以求的事情。我们可以把语音识别比作为"机器的听觉系统"。

语音识别技术就是让机器通过识别和理解过程把语音信号转变为相应的文本或命令的技术。语音识别技术主要包括特征提取、模式匹配及模型训练三个方面（图 2-7-5）。

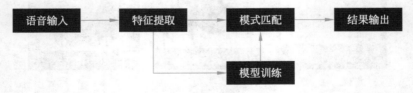

图 2-7-5　语音识别示意图

语音识别的方法主要是模式匹配法。

在训练阶段，用户将词汇表中的每个词依次说一遍，并且将其特征矢量作为模型存入模型库。

在识别阶段，将输入语音的特征矢量依次与模型库中的每个模型进行相似度比较，将相似度最高者作为识别结果输出。

 创意设计

互动响应

探究活动四：响应对话

活动要求：

1. 小组内探讨如何编程实现简单的互动响应。
2. 试着使用 Kittenblock 中的语音识别模块编程实现简单人机互动功能。

 灰灰，我们已经了解了语音识别的基本过程，你能使用 Kittenblock 中的语音识别模块实现简单人机互动功能吗？

当然没问题，那就实现一个当计算机听到"你好"这个词的时候就自动回复一句欢迎语吧！

参考程序如图 2-7-6 所示。

图 2-7-6 对话响应参考程序

 小思考：

在日常的对话中，为了表示尊敬，我们会说"您好"。不管听到"你好"还是"您好"，我们的迎宾机器人都应该进行响应。该怎么实现呢？

 大大，上面我们实现了对单个词语的互动响应，但是要实现对游客的长句响应该怎么办呢？

灰灰，下面我们就来实现计算机对一个长句做出响应的功能吧！

探究活动五：提取对话关键词（小组合作）

一个宾客想知道小镇有什么特产，他会怎么问呢？"你这有什么特产呢？""有什么特产卖吗？""特产有什么？"……我们不可能把所有关于"特产"的问句都罗列出来，但我们发现每句话里面都有"特产"这个关键词。因此，我们会根据"关键词"来建立对话。

活动要求：

1. 四人为一组，讨论宾客可能提出的问题，每组总结四个关键词。

2. 小组讨论分析如何识别输入的语音并提取识别结果中的关键词。

3. 试着设计计算机回答语句并朗读的程序。

 灰灰，让程序对长句做出响应，我们可以通过提取关键词的方式来实现。

哇，懂了，这样我们只需要先判断长句中是否包含特定关键词，就可以做出对应的回复了。

提取关键词参考程序如图 2-7-7 所示。

 同学们，我们知道了如何获取长句的关键词，现在请通过小组合作完成我们的互动响应功能吧！

互动响应功能参考程序如图 2-7-8 所示。

图 2-7-7 提取关键词参考程序   图 2-7-8 简单的互动响应参考程序

 小思考：

1. 试一试，修改"听候语音输入 超时"的参数数值，看看每次听多长时间是最适宜的。

2. 帮助迎宾机器人更好地理解宾客提出的问题，能够回答宾客更多的问题。

拓展提升

智能互动

 大大，现在智能机器人可以通过提取关键词和客人互动，可是每次都要按空格键启动程序太不方便了。

灰灰，下面我们就来完善程序的智能语音互动功能，让我们的交互机器人变得更加聪明。

探究活动六：触发对话的技巧

小镇里面说话的人很多，我们首先要帮助迎宾机器人判断，客人是不是在跟它说话。如果想挑战更"类人"的触发对话方式，我们可以模拟一下智能音箱常见的应答方式，呼叫音箱名字。

活动要求：

1.试着编程实现循环侦测语音输入。

2.当听到"宾宾"时，朗读文字："您好，我是宾宾，欢迎您到小镇来做客，有什么可以帮助您吗？"

第一步：编程实现循环语音输入，如图2-7-9所示。

图2-7-9 循环获取用户语音输入参考程序

第二步：优化程序设计，如图2-7-10所示。

测试的时候，要注意观察语音识别结果。如果计算机识别不出"宾宾"，而是一直出现各种意外的识别结果，该怎么办呢？我们可以把最常见的识别结果记录下来，然后改造我们的程序。

例如，测试中我们发现"宾宾"最常见的识别结果是"彬彬"和"冰冰"，我们的程序可以做以下的修改。

参考程序如图2-7-11所示。

67

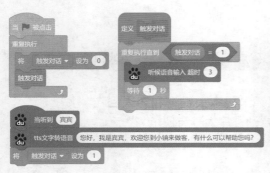

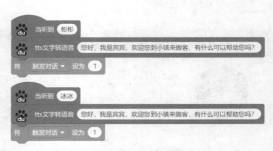

图 2-7-10 智能互动参考程序 1　　　图 2-7-11 智能互动参考程序 2

小思考：
1. 宾宾在朗读欢迎语句后如何设计程序继续和客户对话呢？
2. 提取客户语句中的关键词除了使用"当听到……"积木模块，你有更好的设计吗？

总结巩固

项目小结

本项目在语音识别的基础上，设计了不同触发方式的语音交互场景，并借助"关键词"的提取，实现了简单的迎宾机器人功能。本项目的内容你都掌握了吗？

知识点比重：

语音输入	15%
语音识别	35%
互动响应	35%
智能互动	15%

思考与练习

思考：

通过完成本项目，想一想我们的语音交互是怎么实现的？在本项目的哪一个环节可以利用自然语言处理（机器学习）实现更智能的交互？

练习：

语音交互在生活中还可以用来做什么？请根据该问题设计一个解决方案或作品。

参考文献及资料

[1] 杨国庆，黄锐，李健，等 . 智能服务机器人语音交互的设计与实现 [J]. 科技视界，2020（9）：129-131.
[2] 陈俊涛，许健才 . 面向服务机器人的简易人机语音交互系统设计 [J]. 科学技术创新，2020（28）：130-131.

　　真正的问题并不是智能机器能否产生情感，而是机器是否可以在没有感情的前提下产生智能。

——马文·明斯基（Marvin Minsky）

项目八　未卜先知——智能天气预报

随着大数据和人工智能技术的进步，基于海量数据的深度学习和复杂神经网络等技术的进一步应用，利用人工智能技术来预报天气情况正成为人工智能领域的热门话题，甚至有人工智能科研团队宣传已经研发出一种新算法，能够提前一周时间预测台风的运行轨迹，这意味着人工智能技术在天气预报方面的应用已经开始发力。它的表现如何？会比人类预报得更准确吗？

本项目就智能天气预报这个主题进行分析，把智能天气预报项目按照功能完善的过程分解成：①初探智能天气预报；②城市天气预报；③智能天气播报；④极端天气预警；⑤项目小结。通过这五个环节，结合项目技术特点层层递进，逐步实现完整的智能天气预报及极端天气预警功能。

情境导入

天气预报对于个人日常出行计划或长期活动而言至关重要，在农业防灾减灾、军事气象方面以及其他如抵御干旱、洪涝、市政交通、应急指挥中心、水务等都有广泛的应用。但如何把天气预报做得更准确则是一个世界性难题。随着全球气候变暖，近年来极端天气事件呈现与日增多、增强、时空分布更加复杂多变的趋势，这让天气预报工作变得难上加难。

研究发现，依靠 AI 和机器学习的天气预报技术，可以显著提高对雷暴、台风和飓风等高破坏性天气事件的预测能力。接下来就让我们和灰灰一起初步体验和探究人工智能在天气预报领域的应用吧！

本项目内容结构及学习环节

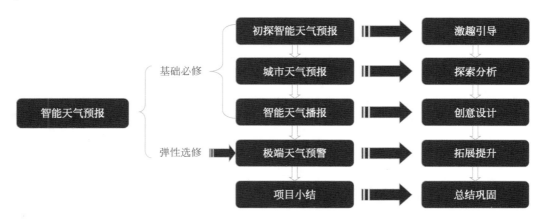

激趣引导

初探智能天气预报

大大，这天气刚刚还是晴天怎么突然下起这么大的雨了，小镇河水突然暴涨，多人被困，实在太危险了。

是的，灰灰，天气变化无常，哪怕最出色的天气预报员也很难做到 100% 准确。

大大，那我们可以使用人工智能技术帮助人们更好应对这种极端的天气变化吗？

当然，本项目就让我们一起体验和了解人工智能在天气预报领域的应用吧！

70

探究活动一：初探智能天气预报

活动要求：

1. 小组合作分析智能天气预报项目中可能会用到哪些人工智能技术。

2. 智能天气预报项目需要实现哪些功能？请设计整体项目思维结构图。

天气预报主要依赖于大数据，涉及不同时间和空间的海量数据，正是人工智能非常好的应用场景。一方面，充足的气象大数据为人工智能技术的进步提供了支撑；另一方面，人工智能技术的应用，将有力推动天气预报数据计算结果精准度和计算速度的提升，使得"天气预报越来越准"。

目前，人工智能在天气预报领域的应用包括观测数据质量控制、数值模式资料同化、数值模式参数化、模式后处理、天气系统识别、灾害性天气监测和临近预报、预报公文自动制作等很多方面。例如，中央气象台和清华大学联合开发出一种基于深度神经网络的雷达回波外推方法，该方法比之前运用传统方法进行回波预报的准确率提高了40%左右。

在气象预测中，引入 AI 技术，将大大减轻气象预报员的工作压力，让预报信息也更加及时和准确。有气象研究员表示，最好的天气预测就是尽可能多地合并观测数据，而这通常非常复杂，但通过 AI 模型来分析和处理，能够更快、更准确地预测潜在极端天气。

最近两三年国外人工智能在天气预报领域的应用呈现爆发式增长，并且呈现出由传统的机器学习向深度学习发展的趋势，国内气象行业对人工智能技术的关注度也快速提升。中央气象台在定量降水融合预报、强对流天气分类潜势预报、台风智能检索、预报公文自动制作等方面采用了人工智能技术，取得了鼓舞人心的效果。

可以预测的是，在 AI 技术的持续赋能下，气象科学将变得越发智能和强大，在面对变化莫测的天气时能更加得心应手。

大大，人工智能为实现更准确的天气预报可正是如虎添翼呀，接下来我们要如何去体验和了解呢?

灰灰，下面让我们从日常的生活出发，通过获取城市天气预报、实现智能天气播报、模拟极端天气预警几个环节来逐步体验人工智能是如何助力天气预报服务大众的。

"智能天气预报"项目参考思维结构如图 2-8-1 所示。

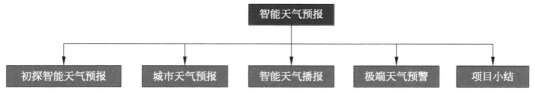

图 2-8-1 "智能天气预报"项目参考思维结构图

 探索分析

城市天气预报

探究活动二：获取城市天气情况

活动要求：

1. 小组合作熟悉了解 Kittenblock 中的"和风天气"扩展模块。

2. 小组合作设计项目思维结构图并编程实现获取城市天气信息功能。

灰灰，随着人们生活水平的提高，越来越多的小镇居民选择去其他城市旅游来享受自己的假期。你能利用"和风天气"扩展模块设计一个程序来帮助人们在旅游之前了解目的城市的天气情况吗?

哈哈，没问题，不过我们首先需要对项目的流程和要实现的功能做一个分析和梳理!

"城市天气预报"参考思维结构图如图 2-8-2 所示。

图 2-8-2 "城市天气预报"参考思维结构图

同学们，有了灰灰设计的思维结构图，开发程序的思路是不是更加清晰了呢，赶紧去试试吧！

获取天气信息参考程序如下。

第一步：获取城市天气情况（图 2-8-3）。

图 2-8-3 获取城市天气情况参考程序

第二步：输出显示城市天气信息（图 2-8-4）。

图 2-8-4 输出城市天气信息参考程序

小贴士：

同学们，"和风天气"模块返回的数据中除了有天气状况和温度以外，还有降雨量和空气湿度等信息。大家可以对我们的程序功能进行优化，让它能够合理地显示更多的信息。

探究活动三：获取天气预报

活动要求：

1. 以小组合作的方式提升程序功能添加天气预报功能。

2. 试着修复程序迭代后可能出现的问题，完善程序。

灰灰，前面我们完成了获取目标城市当前的天气情况功能。下面就让我们使用天气预报模块来实现城市天气预报的功能吧！

大大，有思路了！这里需要城市和日期两个数据，我先从用户那里获取这两个数据，然后显示就可以了。

 灰灰，很好的想法，快去试试吧！

获取城市天气预报参考程序如图 2-8-5 所示。

图 2-8-5　获取城市天气预报参考程序

创意设计

智能天气播报

探究活动四：智能天气播报

活动要求：

1. 试着与组内成员讨论如何实现语音输入城市名称和语音朗读天气预报功能。

2. 试着结合 BaiduAI 拓展模块、"和风天气" 模块进行编程实现。

3. 试着优化算法，编程实现语音朗读未来某天的天气信息。

灰灰，我们现在的程序需要游客手动输入城市名称获取信息，能不能让我们程序更智能，通过语音识别输入呢？

大大，这个功能看起来容易，实现起来还不简单呢！

是的，因为游客语音输入的是一句话，而我们需要的信息是城市的名称，该怎么设计呢？
同学们好好思考一下吧！

智能天气播报程序参考设计流程如下。
第一步：建立城市名称列表（图2-8-6）。
第二步：设计算法获取城市天气信息（图2-8-7）。

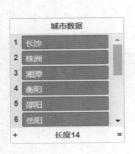

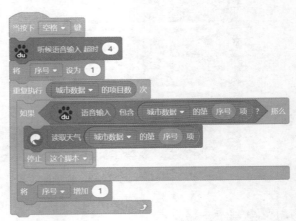

图 2-8-6　建立城市名称列表

图 2-8-7　智能天气播报参考程序

小思考：
1. 上面的参考程序设计了一种实现语音输入的方法，你有其他方法吗？
2. 你能继续完善程序实现语音朗读天气信息吗？

大大，现在我们的程序可以实现语音识别城市并朗读其当天的天气信息了，但还不能朗读未来几天的天气预报。

是的，上面的程序我们通过语音输入了城市参数，如果要获取未来几天的天气信息还需要输入时间参数。

懂了，那就在匹配到城市之后，再加一层判断语音看其是否输入了明天或者后天等关键词。

灰灰，有想法就去试试吧！

第三步：优化程序算法，获取城市天气预报信息（图 2-8-8）。

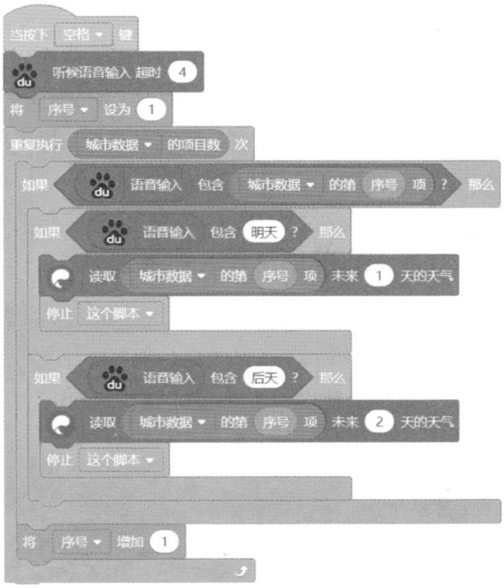

图 2-8-8　智能天气预报参考程序

第四步：完善程序，语音输出未来天气信息。

小思考：
1. 你能参考项目七的内容设计一个可以循环询问的智能天气预报程序吗？
2. 你可以为程序添加关键词唤醒功能吗？

 拓展提升

极端天气预警

2021 年 7 月 20 日晚，郑州气象局对这次特大暴雨做了一个数据梳理和总结：郑州 20

日 16—17 时，一个小时的降雨量达到了 201.9 毫米；19 日 20 时到 20 日 20 时，单日降雨量为 552.5 毫米；17 日 20 时到 20 日 20 时，三天的过程降雨量为 617.1 毫米。其中小时降水量、单日降水量均已突破自 1951 年以来 60 年的历史记录。郑州常年平均全年降雨量为 640.8 毫米，相当于这三天下了以往一年的量。

根据统计，水平地面上单位面积降水的深度为 617.1 毫米，以郑州全市总面积 7446 平方千米进行计算，这三天共降水 459490 万立方米。而按西湖风景名胜区管委会提供的数据，西湖库容量约为 1448 万立方米，也就是说，这三天的降水量，约等于将 317 个西湖倒进了郑州。

> 大大，面对这种威胁人民生命财产安全的极端天气，人工智能技术可以帮助人们进行应对吗？

> 灰灰，还记得迎宾机器人吗？我们可以设计一个智能程序对某些极端天气进行提前预警，提醒人们注意避险！

> 有主意了，我们可以分析天气信息中的返回数据，如果出现某种极端天气就发出及时广播警告。

探究活动五：极端天气预警

活动要求：
1. 设计程序循环获取智能天气预报功能。
2. 实现对部分极端天气进行预警的功能，并语音播报内容。

极端天气播报程序参考设计流程如下。

第一步：循环获取某个城市的天气信息（图 2-8-9）。

图 2-8-9　循环获取城市天气信息参考程序

第二步：分析天气返回信息，实现预警功能（图2-8-10）。

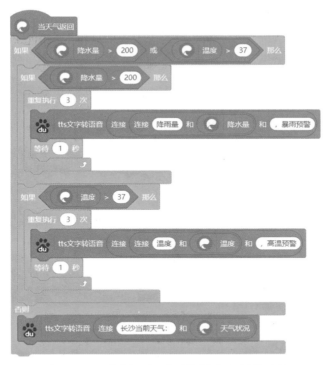

图 2-8-10　分析天气返回数据实现预警功能

小思考：
　　同学们，上面的程序实现了对高温和暴雨天气的预警，你能在此基础上对程序进行功能拓展，通过分析天气实现对更多极端灾害天气的预警信息发布吗？

总结巩固

项目小结

　　本项目我们初步了解了人工智能在气象领域中的应用，使用"和风天气"模块，设计了多种获取天气信息、播报天气预报的智能程序并实现了对某些极端天气的智能预警。本项目的内容你都掌握了吗？

　　知识点比重：

初探智能天气预报	15%
城市天气预报	35%
智能天气播报	35%
极端天气预警	15%

思考与练习

思考：

在智能天气预报项目中，你能分析程序是怎么提取城市天气信息的吗？你有更好的设计方法吗？

练习：

你能根据自己掌握的知识对本项目中的某些程序功能进行优化和拓展吗？

参考文献及资料

朱文剑．"人工"与"智能"共舞——探秘气象领域人工智能发展 [N]. 中国气象报，2019-4-1.

　　我可以想象出一个人工智能的世界，在这个世界里我们的生产力更强大，我们活得更长寿、我们有更清洁的能源。

——Fei-Fei Li

项目九　慧眼识字——车牌识别

在我们的日常生活中常常用到文字识别，如商务人员常用到名片识别、发票识别，在图书馆我们常需要摘录一些文章，要用到文字识别。手写字体因个人风格不同使得字体千变万化，不能进行准确识别，但是印刷字体基本上是有限的几种，识别的准确率非常高。所以现在社会流行的文字识别，一般是针对印刷字体的识别。

车牌识别的本质就是印刷字体识别，是一个文字识别与图像识别相结合的过程。本项目我们要对车牌识别这个主题进行分析，把这个项目分解成：①车牌识别分析；②文字识别探究；③车牌识别设计；④车牌识别拓展；⑤项目小结。通过这五个环节进行学习，层层递进，逐步解决问题，最后完成整个项目。我们就以 Kittenblock 中的文字识别、图像识别等相关 AI 插件的综合应用，进行智能车牌识别的简单实践。

情境导入

未来小镇每天都有大量的车辆进出。为了加强小镇对来往车辆的管理，也为了安全防护，设计智能的车牌识别系统变得很有必要。灰灰接到了这个设计任务。他对项目进行了分析和分解，通过和专家大大的探讨，发现要识别车牌就要先识别车牌上文字、字母和数字，而这些文字、字母和数字可以通过给车牌进行拍照取得，这样一来就要用到图像识别技术。经过分析，灰灰的设计思路越来越清晰了，看来这个车牌识别系统设计挺有挑战性哦！

本项目内容结构及学习环节

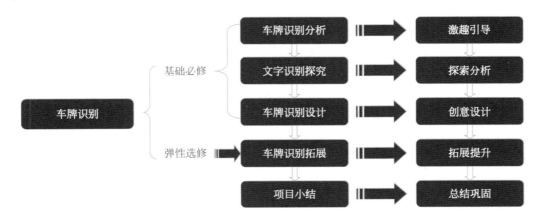

激趣引导

大大，大量的车辆进出给小镇带来了安全隐患！我们该如何利用 AI 技术对来往小镇的车辆进行科学管理，做好安全防范呢？

这个问题很好！我们可以设计一个智能车牌识别系统，为人们提供优质快捷的停车服务和安全防范。

哦，明白，那就要对车牌进行识别，对吧！

哈哈，是的，只是车牌上有文字、字母和数字，所以我们还需要用到文字识别技术。下面就让我们一起来学习吧！

80

车牌识别分析

车牌自动识别是一项利用车辆的动态视频或静态图像进行牌照号码、牌照颜色自动识别的模式识别技术。一个完整的车牌识别系统应包括车辆检测、图像采集、车牌识别等几部分。当车辆检测系统检测到车辆到达时触发图像采集单元，采集当前的视频图像，对图像进行处理，再将牌照中的字符进行识别，然后组成牌照号码输出。

未来小镇要实现对来往车辆的管理，需要运用 AI 开放平台和智能软件设计车牌识别项目，用来解决小镇的安保问题。设计这一项目我们要先对项目进行分析，对所要使用的文字识别技术进行探究后再实现车牌识别的设计，最后进行车牌识别拓展，从而更好地解决问题。

探究活动一：车牌识别项目分析

活动要求：

1. 小组探讨分析车牌识别的实现过程，讨论车牌识别的项目可行性。
2. 思考该项目可分解成几个子项目？尝试绘制项目思维结构图。

大大，我们应该怎样实现车牌识别呢？

要实现车牌识别这个项目，我们要开动脑筋，把它分解成几个小的项目逐一完成。

"车牌识别"项目参考思维结构图如图 2-9-1 所示。

图 2-9-1 "车牌识别"项目参考思维结构图

我们将车牌识别分解成小项目来解决前，还要了解实现车牌识别就一定要用到文字识别技术。下面我们一起学习。

81

 探索分析

文字识别探究

探究活动二：文字识别

活动要求：

1. 小组探讨如何通过编程实现将打印出来的一首诗的文字识别出来？
2. 尝试完成文字识别项目的思维结构图。

大大，文字识别技术我有所了解，但是它是怎样实现的呢？

过程是这样的：首先摄像头拍摄车牌照片，然后利用 AI 图像识别，识别出图片中的文字，再朗读这些文字就行。

"文字识别"活动参考思维结构图如图 2-9-2 所示。

图 2-9-2　"文字识别"活动参考思维结构图

"文字识别"活动参考流程如下。

第一步：双击桌面上 Kittenblock 应用程序图标。

第二步：选择扩展模块里的"人工智能"模块（图 2-9-3）。

图 2-9-3　展开扩展模块里的"人工智能"模块

第三步：选择添加"视频侦测"和 FaceAI 模块（图 2-9-4）。

图 2-9-4　添加视频侦测和 FaceAI

第四步：选择"视频侦测"模块中的"开启"摄像头模块。摄像头开启后发现图像左右是反的，要改为"镜像开启"（图 2-9-5）。

图 2-9-5　网络服务开启摄像头

第五步：找一首关于春天的诗展示在摄像头前（图 2-9-6）。

参考程序如图 2-9-7 所示。

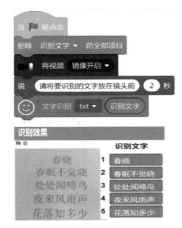

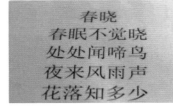

图 2-9-6 摄像头前展示图片 图 2-9-7 摄像头画面识别图片中包含的
文字参考程序及运行效果

探究活动三：朗读纸上的文字

活动要求：

1. 小组探讨如何实现朗读打印纸上被识别出来的文字？分析其过程。
2. 试着绘制"朗读纸上的文字"活动的思维结构图。
3. 小组合作编程实现"朗读纸上的文字"。

大大，文字识别已经完成了，还需要对识别的文字进行朗读。

没错，识别后还要朗读出来。

"朗读纸上的文字"活动参考思维结构图如图 2-9-8 所示。

图 2-9-8 "朗读纸上的文字"活动参考思维结构图

朗读纸上的文字程序参考设计流程如下。

第一步：完成文字识别程序设计。

第二步：选择"扩展"模块里的 BaiduAI 模块。

第三步：添加 BaiduAI →"语音"→"tts 文字转语音"积木模块，如图 2-9-9 所示。

图 2-9-9　朗读识别的文字程序

 太棒了，计算机现在能识别纸上的文字了！那能不能识别车牌号码呢？我想试一试！

要想识别车牌号码，我们要对车牌所使用的材质和车牌上的内容有所了解。

创意设计

车牌识别设计

车牌俗称牌照，也指车辆号牌，是分别悬挂在车子前后的板材，上面刻印车子的登记号码（图 2-9-10）。

京A·FO236　京A·DO1234

图 2-9-10　汽车牌照示例

探究活动四：实践车牌识别

活动要求：

1. 小组内讨论车牌识别的过程，试着绘制出项目思维导图。

2. 试着提供一个车牌号码图片，编程实现识别上面的字符，并朗读识别出来的字符（车牌号码）。

"实践车牌识别"参考思维结构图如图 2-9-11 所示。

参考程序如图 2-9-12 所示。

图 2-9-11 "实践车牌识别"参考思维结构图

图 2-9-12 车牌识别参考程序

 拓展提升

车牌识别拓展

 大大，用计算机识别车牌已经实现了，但是怎样利用这个技术对来往的车辆进行管理呢？

想要实现管理，我们不仅要识别车牌，还要对车牌进行区分。

 我知道了！我们可以通过对车牌进行归类，区分本地车辆和外地车辆，通过对外地车辆的识别提醒安保人员及时进行登记。

非常好！你能编程实现判别来往车辆的类别吗？如果是本地车辆则播报欢迎回家，如果是外地车辆，则播报进行来访登记。请试试看吧！

探究活动五：车牌归类管理

活动要求：

1. 小组讨论车牌归类管理的过程，试着绘制出项目参考思维结构图。

2. 根据实际需要，对车牌进行识别并区分，设计出完整的识别程序，并进行归类处理。

"车牌识别拓展"参考思维结构如图 2-9-13 所示。

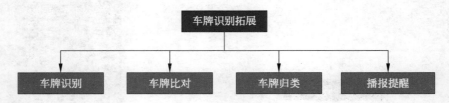

图 2-9-13 "车牌识别拓展"参考思维结构图

编程实践参考流程如下。

第一步：在"变量"模块新建"车牌""本地车牌"和"外地车牌"列表（图 2-9-14）。

第二步：在本地车辆中导入车牌信息（图 2-9-15）。

第三步：编程对识别的车牌进行匹配，区分本地与外地车牌（图 2-9-16）。

图 2-9-14 新建"车牌"列表

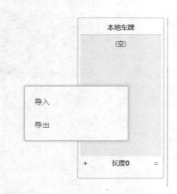

图 2-9-15 导入本地车牌信息

图 2-9-16 车牌识别拓展参考程序

总结巩固

项目小结

本项目我们通过对车牌识别项目进行分析，了解了实现车牌识别的方法，以 Kittenblock 中的文字识别、图像识别等相关 AI 拓展模块的综合应用，设计并完成智能车牌的识别。本项目的内容你都掌握了吗？

知识点比重：

车牌识别分析	▮▮▮▯▯▯▯▯▯▯	20%
文字识别探究	▮▮▮▮▯▯▯▯▯▯	30%
车牌识别设计	▮▮▮▮▯▯▯▯▯▯	30%
车牌识别拓展	▮▮▮▯▯▯▯▯▯▯	20%

课后思考与练习

思考：

1. 生活中的车牌识别系统与我们编程实现的有什么不一样吗？

2. 如何通过识别车牌号调出车辆进出的信息？

练习：

1. 如何实现提醒外地车牌的车主把车停到相应的停车区？请试着编程实现。

2. 如果想使用车牌识别实现更多的功能，你有什么好的想法吗？请试着完成程序设计。

参考文献及资料

百度 AI 车牌识别 [R/OL]. [2023-6-20]. https://ai.baidu.com/tech/ocr_cars/plate.

科学就是那些我们能对计算机说明白的东西，余下的都叫艺术。

——高德纳（Donald Ervin Knuth）

项目十 同步传译——小小翻译家

随着时代的发展，世界经济一体化进程的加速以及国际社会交流的日渐频繁，传统的人工翻译方式已经远远不能满足迅猛增长的翻译需求，人们对于机器翻译的需求空前增长，开始对机器翻译领域进行专项研究，研发出基于互联网大数据的机器翻译系统，从而使机器翻译真正走向实用，例如"百度翻译""谷歌翻译"等。

本项目就小小翻译家这个主题进行分析，把翻译这个大的问题分解成：①体验机器翻译；②认识机器翻译；③设计翻译程序；④机器翻译拓展；⑤项目小结。通过这五个环节，层层递进，逐步解决问题，最后完成整个项目。整个过程体现了用计算机解决问题的思维和过程，同学们在以后的学习和生活中，遇到类似的问题也可以借助于计算机，让我们的学习与生活因智能翻译而变得更加精彩有趣！

情境导入

随着未来小镇建设的不断完善，小镇居民越来越多，世界各国来小镇旅游的旅客也越来越多，这对小镇的翻译服务提出了更高的要求。因为人工翻译不仅服务的人数有限而且不能满足游客对多种语言翻译的需求，小镇居民把目光投向了人工智能团队，希望团队可以利用人工智能技术解决这个问题，打通小镇居民和世界各国游客的沟通障碍。那么小镇的人工智能团队将会利用哪些技术手段解决这个问题呢？我们一起去看看吧！

本项目内容结构及学习环节

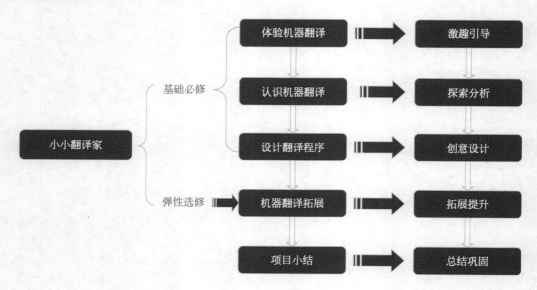

激趣引导

大大，现在来小镇参观的外国游客越来越多了，可是小镇能提供的翻译服务却十分有限，该怎么解决这个问题呢？

灰灰，我们可以利用机器翻译技术开发一个可以自动翻译的系统，帮助小镇居民和世界各地的游客交流。

真的吗？好想赶紧试试机器翻译呀！

灰灰，在着手开发项目之前，我们首先对接下来要完成的任务，做一个简单的梳理。

89

探究活动一：设计思维结构图

活动要求：

1. 阅读下文了解本项目要完成的任务，了解机器翻译实现的过程。

2. 根据学习任务，试着绘制本项目的学习思维结构图。

　　我们的学习任务是利用机器翻译技术开发一个具备自动翻译功能的应用程序，在开发程序之前，我们需要体验一些市面上已有的自动翻译程序，初步认识机器翻译。然后分析翻译流程，再利用编程工具开始程序的开发，而在开发过程中会先从一些基础功能的实现入手，再逐步升级应用程序。比如我们会先实现简单的文字翻译，再实现语音翻译，然后实现两种语言的翻译，再实现多种语言的互译等机器翻译拓展。

　　"小小翻译家"项目参考思维结构图如图 2-10-1 所示。

图 2-10-1 "小小翻译家"项目参考思维结构图

体验机器翻译

探究活动二：体验文字翻译

活动要求：

1.试着利用百度在线翻译一句有趣的文字，可英译汉，也可汉译英。

2.小组内讨论分析机器翻译与人工翻译之间的区别，说出你的想法。

体验文字翻译参考学习流程如下。

第一步：打开百度在线翻译网站，体验英汉翻译功能（图2-10-2）。

第二步：体验将中文翻译成不同的语言（图2-10-3）。

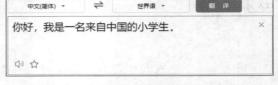

图2-10-2 百度在线翻译　　　　　　图2-10-3 将汉语翻译成其他国家语言

 探索分析

认识机器翻译

 百度网站是怎么翻译得又快又准呢？

百度翻译有它的一套算法规则，让我们来了解一下机器翻译的基本原理。

探究活动三：初识机器翻译

活动要求：

1.查阅相关的资料，回答机器学习属于哪个领域的技术？

2.上网查询或者查阅机器翻译的资料，回答出机器翻译经历了几个发展阶段？它的技术实现方式是什么？

机器翻译（machine translation）又称为自动翻译，是利用计算机把一种自然语言转变为另一种自然目标语言的过程，一般指自然语言之间句子和全文的翻译。它是自然语言处理（natural language processing）的一个分支，与计算语言学（computational linguistics）、自然语言理解（natural language understanding）之间存在着密不可分的关系。机器翻译主要经历以下三个阶段。

（1）基于规则翻译。这个阶段可以简单理解为逐词翻译，以及句子成分翻译后的排序。这个阶段对于简单句子的翻译效果很好，但是一旦超出日常会话的范围，翻译出来的句子就会晦涩难懂，不知所言。另外一个缺点就是，不同语言之间都需要一个语言专家做成一对一的规则，这需要花费很大的人力，因此就有了统计机器翻译的阶段。

（2）统计机器翻译。这个阶段利用了统计学的方法，建立了一个数学模型。这种模型成本很低，它跟语言无关，一旦建立起来则对任何语言都适用。统计学基于语料库，在语料库数据太少的情况下，这种方法就不适用了，因此产生了下一阶段优化发展的必要性。

（3）神经网络机器翻译。神经网络机器翻译主要包括两部分：编码器与解码器。编码器根据神经网络的变换，将句子变为高维向量，解码器再将高维向量转换为目标语言。神经网络的机器翻译优势在于效率高，效果更好。随着神经网络翻译的不断发展，翻译质量随之不断提高。

以中文翻译成英文为例，机器翻译系统首先要掌握中英文之间词、短语、语法结构的翻译知识。有了这些翻译知识之后，系统就会把一个中文句子切分成各种词、短语或者语法结构的组合，这个过程有很多种切分可能，每个单元也有多种翻译备选，切分后分别翻译每一个单元，然后将备选单元组合起来通过算法分析形成最终的英文翻译。

探究活动四：文字、语音翻译的流程分析

活动要求：

1. 结合相关的资料，与小组成员探讨分析文字、语音翻译的基本流程。

2. 小组合作完成机器翻译基本流程图的绘制。

机器翻译最初只能通过设计算法进行文字翻译，整个机器翻译的过程可以分为原文分析、原文译文转换和译文生成 3 个阶段。随着时代的进步和技术的升级，人们又研究出了机器翻译的语音翻译功能。

机器翻译的基本流程如图 2-10-4 所示。

语音机器翻译参考思维结构图如图 2-10-5 所示。

图 2-10-4 机器翻译的基本流程

图 2-10-5　语音机器翻译参考思维结构图

创意设计

设计翻译程序

探究活动五：语音机器翻译程序设计

活动要求：

1. 与小组成员分析语音机器翻译程序的执行流程。

2. 试着编程实现语音机器翻译程序。

麦克风连接好了，计算机可以翻译了吗！

没那么简单，麦克风的作用是将声音输入计算机，计算机翻译可是一项专门的技术。下面就让我们一起来探究吧！

设计机器翻译参考学习流程如下。

第一步：打开 Kittenblock 软件。

第二步：准备好要翻译的句子，如：您好，欢迎来到未来小镇第一社区，我是翻译官小智机器人，有什么需要帮助的可以找我。

第三步：设计程序流程图（图 2-10-6）。

图 2-10-6　机器翻译程序流程图

第四步：编写程序。

（1）在 Kittenblock 的扩展模块中添加网络服务，选择 BaiduAI 和翻译（图 2-10-7）。

（2）调用文字朗读模块，添加测试内容（图 2-10-8）。

图 2-10-7　在 Kittenblock 扩展模块中添加网络服务　　图 2-10-8　调用文字朗读模块，添加测试内容

（3）翻译语句，汉语翻译成英语（图 2-10-9）。

图 2-10-9　汉语语句翻译成英语参考程序

93

拓展提升

机器翻译拓展

大大，我们实现了翻译器！让我们写一个可以自动翻译的程序帮助大家和外国友人交流吧！

灰灰，这个想法很不错哦，赶紧去试试吧！

探究活动六：编写自动英译汉机器人程序

活动要求：

设计一个自动翻译程序，用户按下 1 键进入汉英翻译模式，并朗读提示音，用户按下 2 键进入英汉翻译模式；按下空格键进入下一个翻译程序。

程序设计参考流程如图 2-10-10 所示。

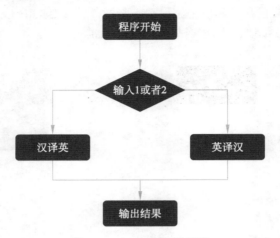

图 2-10-10　自动翻译流程

自动翻译参考程序如图 2-10-11 所示。

图 2-10-11　自动翻译参考程序

灰灰，上面我们实现英语和中文的互译，但小镇的游客来自世界各个地区，你能设计一个多国语言翻译的程序帮助大家交流吗？

可以！大大，经过上面的学习，我现在思路越来越清晰了。

探究活动七：编写多语言翻译机器人程序

活动要求：

1. 设计一个可以进行多语言翻译的程序。

2. 用户可以根据提示通过不同的按键选择需要翻译的目标语言。1 号键，英语；2 号键，德语；3 号键，法语；4 号键，意大利语；5 号键，西班牙语；6 号键，俄语；7 号键，韩语；8 号键，日语。

多语言翻译机器人参考思维结构图如图 2-10-12 所示。

图 2-10-12　多语言翻译机器人参考思维结构图

多语言翻译德语参考程序如图 2-10-13 所示。

95

图 2-10-13　多语言翻译德语参考程序

总结巩固

项目小结

本项目利用人工智能技术设计翻译机器人解决了未来小镇对多种语言翻译的需求，初步了解了机器翻译的相关知识，设计了小小翻译家的程序，解决了小镇居民和世界各国游客的沟通障碍。本项目的内容你都掌握了吗？

知识点比重：

体验机器翻译	20%
认识机器翻译	30%
设计翻译程序	30%
机器翻译拓展	20%

课后思考与练习

思考：

通过完成本项目，思考机器的语音翻译是如何实现的？

练习：

语音翻译交互在生活中还可以用来做什么？如果还有其他语言需要翻译又该如何处理呢？请根据该问题设计一个解决方案或作品。

参考文献及资料

[1] 范文.机器翻译：原理、方法与应用 [J].广西师范学院学报（哲学社会科学版），2015（3）：106-109.

[2] 郭明阳，张晓玲，唐会玲，等.人工智能在机器翻译中的应用研究 [J].河南科技大学学报（自然科学版），2021，42（3）：97-104.

[3] 樊玉消.浅谈人工智能时代下的机器翻译与人工翻译 [J].海外英语（上），2021（6）：179-180.

[4] 贺丽媛.人工智能在机器翻译领域的应用 [J].无线互联科技，2019，16（5）：147-148.

[5] 崔启亮.人工智能在语言服务企业的应用研究 [J].外国语文，2021，37（1）：26-32，73.

[6] 白玉.AI 时代机器翻译技术对文学翻译的协助介入作用 [J].兰州文理学院学报（社会科学版），2021，37（3）：84-88.

[7] 李田.人工智能时代的计算机辅助翻译技术分析 [J].粘接，2020，42（5）：86-90.

[8] 李莹.机器翻译技术现状研究 [J].IT 经理世界，2020，23（4）：76-77.

[9] 机器翻译.百度百科 [R/OL].[2023-6-30].https://baike.baidu.com/item/%E6%9C%BA%E5%99%A8%E7%BF%BB%E8%AF%91.

智慧的可靠标志就是能够在平凡中发现奇迹。

——爱默生

第三章

未来小镇新生活

　　同学们，通过前面章节的学习我们对人工智能有了相对多一些的了解，掌握了一些基本的人工智能技术和 AI 平台的使用方法，并让它们应用在未来小镇建设的各个领域。接下来让我们继续探索人工智能技术在未来小镇的生活应用，让人工智能为小镇居民提供更安全、更高效、更便捷的生活。

　　本章我们会学习如何利用人工智能技术提取和分析通过摄像头捕捉的各种信息来实现人脸识别、人脸追踪、人脸检测，还将学会开发专家系统、涂鸦应用等系统项目，努力提升人们的生活品质。

　　这些技术听起来是不是很酷呀，其实，用起来更酷哦！

　　下面就让我们一起学习这些充满未来感的人工智能技术是如何应用到未来小镇的新生活，为小镇居民、来宾提供优质的智能生活服务吧！

项目十一 奇妙魔镜——人脸识别

人脸识别是基于人的脸部特征信息进行身份识别的一种生物识别技术。用摄像机或摄像头采集含有人脸的图像或视频流，并自动在图像中检测和跟踪人脸，进而对检测到的人脸进行识别的一系列相关技术，通常也叫作人像识别、面部识别。本项目就人脸识别这个主题进行分析，把人脸识别这个大的问题分解成：①体验人脸识别；②探究人脸识别过程；③人脸识别应用；④人脸识别拓展应用；⑤项目小结。通过这五个环节，层层递进，逐步解决问题，最后完成整个项目。整个过程体现了用计算机解决问题的思维和过程，同学们在以后的学习和生活中，遇到类似的问题也可以借助于计算机，解决生活中的实际问题！

情境导入

未来小镇越来越繁荣了，优美的风景和便利的服务吸引了大量的休闲人群。迎宾机器人不停地欢迎着八方来客。但是随着宾客的不断增多，小镇的管理压力越来越大。灰灰正和大大商量，如何对进入镇子里的人进行统计分析，以便提供更优质的服务。万一有犯罪嫌疑人来到小镇，还能够尽早识别出来，那该有多好！灰灰灵机一动，我们利用人脸识别技术让来镇上的人都先刷个脸不就解决了吗？开发一个"魔镜"刷脸系统放在迎宾室？这个听起来很有挑战性哦，让我们一起去探讨一下吧！

本项目内容结构及学习环节

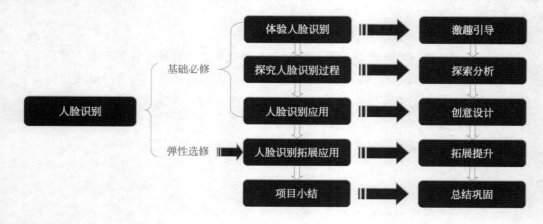

激趣引导

大大，小镇的游客越来越多，为了加强管理，提升服务质量，需要对来小镇的游客进行统计分析，提供有趣的服务项目，如果发现犯罪嫌疑人还能提前进行提醒，该如何实现呢？

灰灰，我们可以尝试开发一个刷脸系统，让来小镇的游客都来刷脸，利用人脸识别技术统计参观小镇的游客情况，然后再进行分析，如果遇到可疑的犯罪分子就报警，这样就能够实现了！

是的，哈哈，太好了！大大，我想给这个人脸识别系统取名为"魔镜"！魔镜魔镜告诉我，小镇来的是男人还是女人？什么年龄？什么颜值？情绪如何？……这个多奇妙啊！

对，这个想法很好！灰灰，赶紧绘制好"魔镜"的项目思维结构图吧，这样做起来思路就更加清晰了！

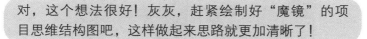

探究活动一：设计项目思维结构图

活动要求：

1. 小组内讨论分析"魔镜"人脸识别系统的可行性，分析系统实现的方法和过程，说出你的想法。

2. 小组合作探究设计出"魔镜"人脸识别项目的思维结构图。

活动参考流程如下。

第一步：小组讨论的思路：是什么？为什么？干什么？尝试从思维层面发现问题、分析问题和解决问题。小组讨论：①体验人脸识别；②探究人脸识别的原理；③如何实现人脸识别应用和功能拓展。

第二步：试着合作绘制出"魔镜"人脸识别项目的思维结构图。

"魔镜"人脸识别项目参考思维结构图如图 3-11-1 所示。

图 3-11-1 "魔镜"人脸识别项目参考思维结构图

体验人脸识别

探究活动二：探究 AI 平台"魔镜"应用

活动要求：

1. 请同学们查阅相关的资料了解人脸识别的应用领域，说出你所了解的人脸识别技术在生活中的应用。

2. 试着体验百度 AI 开放平台中的"魔镜"，即人脸检测与属性分析、人脸对比的功能演示，说出你的体验感受。

人脸识别就是利用计算机识别人脸的技术（图 3-11-2）。它能根据人的脸部特征，识别出不同的人脸，从而达到身份识别的目的。这一技术在生活中得到了广泛应用，如身份验证、人脸检测驾驶行为分析、人流量统计。

图 3-11-2 人脸识别的社会应用

目前也有很多的人工智能平台提供了人脸识别的开放资源，比如百度 AI、腾讯。百度 AI 提供了人脸识别以及人脸相似度对比、人脸搜索、人流量统计等多种应用体验。

体验百度 AI 开放平台"魔镜"参考流程如下。

第一步：浏览器输入网址 https://ai.baidu.com/，进入百度 AI 开放平台。

第二步：在"开放能力"中，选择"人脸与人体"，继续选定"人脸检测与属性分析"，体验其功能演示的效果（图 3-11-3）。

第三步：从本地上传自己的照片，感受 AI 人脸检测信息。

图 3-11-3　百度 AI 开放平台人脸检测与属性分析功能体验

第四步：在"开放能力"中，选择"人脸与人体识别"，继续选定"人脸对比"，从本地上传两张照片，体验其功能演示的效果（图 3-11-4）。

图 3-11-4　百度 AI 开放平台人脸比对功能体验

大大，原来体验百度 AI 开放平台的"魔镜"就是人脸检测与属性分析和人脸对比两项功能啊！真是太好玩了！可是我们如何利用 Kittenblock 设计实现这些"魔镜"程序呢？

这个问题问得很好，要想利用 Kittenblock 设计出"魔镜"程序，我们必须先了解人脸识别的流程，等你了解完它的流程后，设计起来就容易啦！

 探索分析

探究人脸识别过程

探究活动三：初探"魔镜"技术流程

活动要求：

1. 请同学们结合 AI 开放平台的人脸识别技术体验，查阅相关的资料，小组内合作探究分析人脸识别的实现原理及其流程。

2.参考人脸识别流程，试着绘制出人脸识别的流程图。

灰灰，人工智能要进行人脸识别首先要获取一张人脸图片，然后才能对它进行人脸的识别和分析。

大大，这个容易，接个摄像头就可以了！

通过摄像头来获取照片是人脸识别中较为常用的获取人脸信息的方式，但摄像头只是一种信息获取工具，实现人脸识别还需要通过一定的技术流程来实现，让我们一起来看看吧！

102

　　实现人脸识别的第一步就是利用摄像头进行图像采集。摄像头一般具有视频摄像/传播和静态图像捕捉等功能，镜头采集图像后，由摄像头内的感光组件电路及控制组件对图像进行处理并转换成计算机所能识别的数字信号，然后由并行端口或 USB 连接输入到计算机后由软件进行图像还原。摄像头可分为模拟摄像头和数字摄像头两大类。模拟摄像头捕捉到的视频信号必须经过特定的视频捕捉卡将模拟信号转换成数字模式，加以压缩，然后才可以传输到计算机上运用。数字摄像头可以直接捕捉影像，然后通过串、并口或者 USB 接口传输到计算机里。计算机市场上的摄像头以数字摄像头为主，而数字摄像头又以使用新型数据传输接口的 USB 数字摄像头为主，市场上可见的大部分都是这种产品（图 3-11-5）。

图 3-11-5　不同接口、不同模式的摄像头

　　人脸识别系统主要包括四个组成部分，分别为人脸图像采集及检测、人脸图像预处理、人脸图像特征提取以及人脸图像匹配与识别。

1.人脸图像采集及检测

　　人脸图像采集：不同的人脸图像都能通过摄像镜头采集下来，比如静态图像、动态图像、不同的位置、不同表情等方面都可以得到很好的采集。当用户在采集设备的拍摄范围内时，采集设备会自动搜索并拍摄用户的人脸图像。

人脸检测：人脸检测在实际中主要用于人脸识别的预处理，即在图像中准确标定出人脸的位置和大小。人脸检测就是把人脸图像所包含的模式特征中有用的信息挑出来，并利用这些特征实现人脸检测。

2. 人脸图像预处理

对于人脸的图像预处理是基于人脸检测结果，对图像进行处理并最终服务于特征提取的过程。系统获取的原始图像由于受到各种条件的限制和随机干扰，往往不能直接使用，必须在图像处理的早期阶段对它进行灰度校正、噪声过滤等图像预处理。

3. 人脸图像特征提取

人脸特征提取，也称人脸表征，它是对人脸进行特征建模的过程。人脸由眼睛、鼻子、嘴、下巴等局部构成，对这些局部和它们之间结构关系的几何描述，可作为识别人脸的重要特征，这些特征被称为几何特征。

4. 人脸图像匹配与识别

人脸识别就是将待识别的人脸特征与已得到的人脸特征模板进行比较，根据相似程度对人脸的身份信息进行判断。这一过程又分为两类：一类是确认，是一对一进行图像比较的过程；另一类是辨认，是一对多进行图像匹配对比的过程。

人脸识别的流程如图 3-11-6 所示。

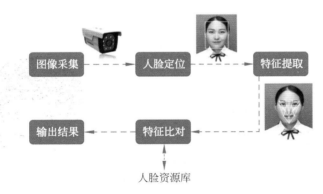

图 3-11-6　人脸识别流程图

大大，了解了"魔镜"的技术流程，也绘制出了人脸识别流程图，接下来该动手设计"魔镜"程序了吧？

是的！赶紧去拓展模块找找，看看哪些积木模块能实现人脸识别吧！

✿ 创意设计

人脸识别应用

探究活动四："魔镜"测出我年龄

活动要求：

1.请同学们试着打开 Kittenblock 中的 FaceAI 模块，找到人脸识别相关的积木，讨论分析设计"魔镜"程序要用到哪些积木？

2.试着设计能够检测出年龄的"魔镜"程序，并且验证程序，测测你的年龄是多少。

活动参考流程如下。

第一步：启动 Kittenblock，添加扩 FaceAI 及视频侦测拓展模块（图 3-11-7）。

第二步：小组合作分析项目，编写程序（图 3-11-8）。

第三步：体验程序运行效果，拓展设计能测试出"颜值""微笑率""性别"等识别功能的应用程序（图 3-11-9）。

FaceAI

视频侦测

图 3-11-7　添加拓展模块

图 3-11-8　"魔镜"测年龄程序

图 3-11-9　人脸检测效果图

 小思考：

同学们，我们现在的程序可以通过文字形式"说"出检测到的人脸信息，你可以利用以前学过的知识和模块，让程序以语音的形式说出检测到的人脸信息吗？

 哈哈，大大，我设计的"魔镜"程序已经能测出魔镜中人脸的"年龄""颜值""微笑率""性别"啦！太高兴了！

104

嗯，灰灰，你真棒！如果能设计让魔镜说出人名那就更奇妙啦！

嗯，实现这个容易！我可以通过创建人脸组来实现。当"魔镜"程序识别出人脸组中的人脸，就可以叫出对方的名字！

探究活动五："魔镜"说出我名字

活动要求：

1. 小组内讨论分析如何在 FaceAI 模块中创建人脸组？说出你的思路和方法。

2. 小组合作编程实现可以说出"魔镜"中人名的程序，思考如何拓展开发组的人员范围？

活动参考流程如下。

第一步：创建人脸组程序，并运行。参考程序如图 3-11-10 所示。

图 3-11-10　人脸识别创建人脸组参考程序

第二步：编制人脸识别模块的程序，参考程序如图 3-11-11 所示。

图 3-11-11　人脸识别参考

 拓展提升

人脸识别拓展应用

　　人脸识别作为一种重要的识别技术，不仅应用于日常生活中，在安全领域的应用也非常广泛，小到我们的刷脸门禁、刷脸支付，大到公安部门的户籍查重、边境管制、视频侦查等。特别是在刑事案件侦查录像中，大量的录像会造成时间和警力的浪费，人脸识别系统的应用可以大大提高警察的工作效率，并与其他案件线索相结合，增强公安实战能力。

灰灰，现在来小镇参观的人越来越多，也存在安全问题，如果万一不法分子来了小镇，还能通过"魔镜"程序尽早发现嫌疑人，并发出警报，那就更好了！

是的，在小镇的迎宾室通过"魔镜"程序尽早发现犯罪嫌疑人，保障小镇的安全！

对，想到了就赶紧去做吧！相信你可以做好！

好嘞！马上就做好！

探究活动六："魔镜"照出嫌疑人

活动要求：

1. 小组内探讨如何编程实现对特定人脸预警？比如识别出不法分子，并发出警报。

2. 小组内讨论分析如何对"魔镜"程序进行拓展优化，请大胆说出你的想法。

活动参考流程如下。

第一步：添加扩 FaceAI 及视频侦测拓展模块，将嫌疑人的人脸信息加入到数据库中（图 3-11-12）。

图 3-11-12　添加特定人脸信息参考程序

第二步：实现人脸搜索功能（图 3-11-13 和图 3-11-14）。

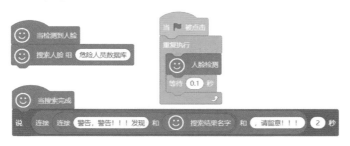

图 3-11-13　特定人员识别参考程序

图 3-11-14　特定人员识别效果图

📓 总结巩固

项目小结

本项目我们体验了 AI 开放平台中的人脸识别应用，探究学习了人脸识别的流程及人脸识别的原理，通过编程实践了人脸识别的"魔镜"项目应用和拓展。本项目的内容你都掌握了吗？

知识点比重：

体验人脸识别	20%
探究人脸识别过程	30%
人脸识别应用	30%
人脸识别拓展应用	20%

课后思考与练习

思考：

通过完成本项目，思考人脸识别交互系统的设计思路及流程是什么？

练习：

1. 人脸识别交互系统在生活中还可以用来做什么？请根据该问题设计一个解决方案或作品。

2. 你还能拓展"魔镜"人脸识别项目的其他功能吗？请说出你的想法和思路，试着编程实现吧！

参考文献及资料

[1] 郝天然.人脸识别技术在智慧公安系统中的应用 [J].数字通信世界，2021（12）：5-7.

[2] 许力文.人脸识别门禁系统在高校实验室管理中的应用研究 [J].科学技术创新，2021（23）：94-96.

[3] 王会来，邵军，吕雪栋，等.人脸识别技术在智能楼宇中的应用研究 [J].科技创新与应用，2021，11（20）：182-184.

有些人把这种技术称为"人工智能"，但实际情况是这种技术将增强我们人类的能力。因此，我认为，我们将增强人类的智能，而非"人工"的智能。

——吉尼·罗曼提（Ginni Rometty）

项目十二　明察秋毫——视频侦测

　　视觉识别是人工智能中很重要的一个板块，手机人脸解锁、无人驾驶视觉识别道路环境、视觉跟随机器人、维护治安的天网系统等，都应用了视觉识别技术。视频探测则是采用光电成像技术（从近红外到可见光谱范围内）对目标进行感知并生成视频图像信号的一种探测手段。视频侦测与前面两种技术都有联系却又有所区别。利用本项目中的视频侦测扩展模块可以将舞台和摄像头一起互动，做一些有趣好玩的应用开发。本项目我们以 Kittenblock 的视频侦测模块为基础，通过侦测无人商店里的人员和物品的移动情况，做好提前预警。主要从以下几个环节进行探究学习：①了解视频侦测；②探究视频侦测应用；③实践智能视频侦测；④智能侦测拓展；⑤项目小结。通过这五个环节层层递进，逐步解决问题，最后完成整个项目。整个过程体现了利用人工智能技术解决问题的思维和过程，同学们在以后的学习和生活中，遇到类似的问题也可以借助于人工智能技术，解决生活中的实际问题！

情境导入

　　小镇越来越繁荣，来小镇旅游的客人也越来越多，接待压力也越来越大。为了给游客们提供优质的商品购买服务，小镇准备开一家大型的无人商店。可是无人商店的安全问题如何保障呢？尤其是夜间！如何才能实时监测无人商店内的商品是否被移动？发现可疑情况如何进行安全报警？如何区分是店内工作人员还是其他人员在移动？对于这些问题，作为 AI 开发团队中的一员，灰灰深感自己责任重大，但又不知道该如何去做，于是他找到了大大，他们正在讨论着呢，让我们一起去看看吧！

本项目内容结构及学习环节

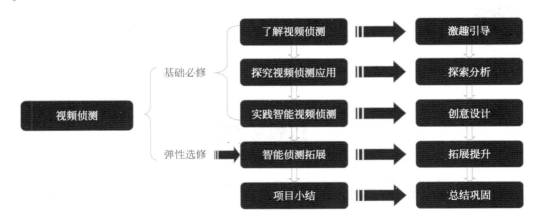

激趣引导

 大大，听说镇上要新开一家大型无人商店？都不用售货员啦！那里面的东西不怕被小偷偷走吗？

灰灰，现在超市里都装有摄像头，它们就像人的眼睛，利用视频侦测技术就能及时监测无人商店内人员的活动情况，当然不用担心啦！

 视频侦测？这么神奇？可以侦测店内的商品是否被移动？侦测店内是否有可疑人员在活动？

是的，当然可以！我们还可以编程实现针对不同的情况进行不同级别的安全报警呢！

  哦，我明白了！那我们赶紧开始做吧！

不急，在做之前我们必须将这个项目进行分析，这样思路才会清晰！我们需要先了解一下视频侦测，探究视频侦测应用，再编程实现侦测店内商品是否被移动，并且根据商品被移动的情况实践智能视频侦测，最后再进行拓展优化就可以了！

 嗯，您分析得很好！这就是传说中的"智能视频侦测系统"。哈哈，我知道该怎么绘制这个项目的思维结构图啦！

"智能视频侦测系统"项目参考思维结构图如图 3-12-1 所示。

图 3-12-1 "智能视频侦测系统"项目参考思维结构图

了解视频侦测

视频侦测是指场景中的角色移动到某一位置或碰到某一角色、颜色，就会触发后续动作的发生。

探究活动一：分析"视频侦测"模块

活动要求：

1.请同学们试着添加"视频侦测"模块，探索分析"视频侦测"模块中各个积木的功能，思考哪些积木可以用于智能视频侦测系统的开发？

2.小组内讨论视频侦测技术在无人商店里的应用方法及范围，说说你的想法。

琳琅满目的无人超市里，视频侦测是能够监测超市人员活动情况的，下面就让我们来试试吧！

Kittenblock "视频侦测"模块为扩展模块，需要手动添加。要使用"视频侦测"模块，单击 Kittenblock 软件左下角的"添加扩展"按钮 。从打开的"选择一个扩展"窗口中选择"视频侦测"，如图 3-12-2 所示，之后在积木类型列表中就会出现"视频侦测"类别。

图 3-12-2　添加"视频侦测"模块

需要注意的是，要使用视频侦测积木，你必须让你的计算机连接摄像头。添加"视频侦测"模块后，你会发现里面有几个积木块，它们到底有哪些功能和作用呢？如表 3-12-1 所示，试着去体验一下它们的功能吧！

表 3-12-1　视频侦测积木功能说明表

序号	积　　木	说　　　明
1	当动作 > 10	当视频运动大于某一个数值的时候，执行下面的程序
2	视频 运动▼ 于 角色▼	侦测摄像头所提供的视频相对于角色或舞台的运动幅度或运动方向
3	将视频 开启▼	开启或关闭摄像头
4	设置视频透明度为 50	设置视频的透明度，数值越大，影像越透明；数值越小，影像越不透明

1号积木：是一个启动积木，只要满足摄像头所监控到的视频运动大于某一个幅度对应的数值，就可以执行下面的程序。它适用于执行需要有视频运动才开始执行的操作。

2号积木：第一个下拉框，可以选择"运动"或者"方向"，后面的第2个"下拉框"可以选择"角色"或"舞台"。可见，这个积木检测到的，可以是摄像头所捕获的视频相对于角色或舞台的运动方向，或者是相对于角色或舞台的运动幅度。

这个积木块所检测到的信息，常常作为一个变量和条件判断积木块一起使用，只要视频相对于角色或舞台的运动方向或者幅度达到某种条件，就执行相应的操作。因此，这个积木块用法非常灵活，作用也非常大。

对于视频侦测的变量介绍如下。

相对舞台的视频方向：侦测到的图像相对于舞台的运动方向。向正上方运动为0°，向正右方运动为90°，向正下方运动为180°，向正左方运动为–90°，

相对舞台的视频运动：侦测到的图像相对于舞台的运动量，最小精度为1个 x 或 y 坐标。

相对角色的视频方向：与舞台方向类似。

相对角色的视频运动：侦测到的图像与角色产生接触后的运动量；如果未与角色接触，是一个固定值。

3号积木：顾名思义，开启或者关闭摄像头。

4号积木：设置视频的透明度，数值越大，影像越透明；数值越小，影像越不透明。

熟悉了"视频侦测"模块后，可以分析得出，要设计出智能视频侦测系统，我们需要综合运用这些积木，分步实现所有的应用功能。接下来让我们探究视频侦测的应用吧！

 探索分析

探究视频侦测应用

灰灰，假如无人商店的货架上摆放了很多可爱的玩具，商家想及时了解超市里的物品是否被顾客买走了，当有顾客移动商品时就会有消息提醒，你能编程实现这个功能吗？

当然可以！哈哈，我已经开始在做了呢！

探究活动二：侦测物品被移动

活动要求：

1. 小组内讨论分析该项目需要实现的功能，并试着绘制出项目思维结构图。

2. 请同学们试着利用视频侦测积木编程实现无人商店的物品移动侦测应用。

"侦测物品被移动"参考项目思维结构图如图3-12-3所示。

参考学习流程如下。

第一步：启动 Kittenblock，添加"视频侦测"模块。

第二步：程序初始化开启摄像头（图 3-12-4）。

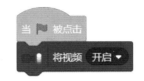

图 3-12-3　"侦测物品被移动"参考项目思维结构图　　图 3-12-4　开启摄像头参考程序

第三步：小组合作分析，编写程序，完成动作侦测功能（图 3-12-5）。

图 3-12-5　无人商店智能视频侦测参考程序

✦ 创意设计

实践智能视频侦测

灰灰，如果商店内客户流量比较大，视频侦测提示信息太多，难以及时被关注到，有可能就会错过关键信息，如何解决这个问题呢？

大大，我觉得可以使用视频侦测的拍照功能及时保存现场照片，特别是物品被拿下货架的瞬间启动拍照保存，这样就不用担心错过安全提示了！

对，这个想法非常好，赶紧去试试吧！但是要注意拍照保存的照片不能随意对外公布和用于其他用途哦，涉及顾客的个人隐私保护！

好的！您提醒得很好！谢谢！

探究活动三：智能视频侦测

活动要求：

1. 小组内合作探究如何利用"视频侦测"模块中的拍照功能实现保存关键信息的功能，试着绘制"智能视频侦测"项目思维结构图，并编程实现。

2. 小组探讨分析如何进一步对程序等进行优化提升，以实现保存多张照片以及定时监控的功能。

活动参考流程如下。

第一步：根据活动要求进行项目分析，梳理程序的开发流程。要实现智能视频侦测首先要加载"视频侦测"模块，然后编程根据角色的运动幅度判断是否需要截图保存，完成截图保存后就可以输出提示。

"智能视频侦测"项目参考思维结构图如图 3-12-6 所示。

图 3-12-6 "智能视频侦测"项目参考思维结构图

第二步：通过小组合作实现程序功能。当商品被移动或拿下货架、带出超市瞬间的视频截图保存在指定文件夹下，完成程序设计（图 3-12-7）。

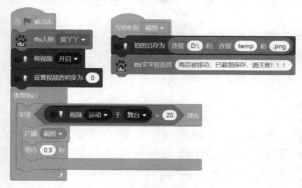

图 3-12-7 智能视频侦测参考程序

114

小思考：

　　同学们，在上面的程序中我们的截图功能只能保存一张截图，你发现了吗？你知道是什么原因吗？你有什么好的想法和创意来解决这个问题吗？如果我们程序要继续进行升级，添加定时侦测的功能你能实现吗？

拓展提升

智能侦测拓展

　　灰灰，虽然现在的智能视频侦测程序能够进行商品安全预警并进行拍照保存，但是如果是商店的工作人员移动商品，是不是可以结合我们上节课的人脸检测模块对程序进行优化拓展呢？

　　我可以让它在进行视频侦测的同时进行人脸识别，判断出是商店的工作人员还是顾客！

　　灰灰，这个想法不错，赶紧去试试吧！

115

探究活动四：智能侦测拓展

活动要求：

1. 小组内探讨分析如何进行智能侦测拓展，还可以拓展哪些应用？说出你的想法。

2. 试着利用添加"人脸侦测"模块编程实现人脸识别，用于区分是否是商店的工作人员。

活动参考流程如下。

第一步：小组合作根据项目需要，通过"人脸侦测"模块添加人脸组，实现保存内部工作人员建组功能（图3-12-8）。

第二步：在视频侦测中实现触发人脸检测功能（图3-12-9）。

图 3-12-8　添加人脸组并保存参考程序

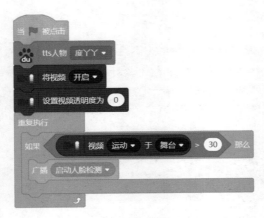

图 3-12-9　触发人脸检测参考程序

第三步：完善程序，实现视频侦测及人脸检测效果（图 3-12-10）。

图 3-12-10　智能视频侦测拓展参考程序

📝 总结巩固

项目小结

本项目我们在视频侦测的基础上，设计了两个视频侦测交互场景，借助"视频……于……"模块，实现了无人商店内商品被移动的侦测，并完成了智能视频侦测，最后进行智能视频侦测功能的拓展提升，完成了智能视频侦测系统的开发设计。本节课的内容你掌握了多少呢？

知识点比重：

了解视频侦测	20%
探究视频侦测应用	30%
实践智能视频侦测	30%
智能侦测拓展	20%

课后思考与练习

思考：

视频侦测在生活中还可以用来做什么？请根据生活中的实际需要设计一个解决方案或作品。

练习：

1. 侦测到的图像与角色或舞台产生接触后的运动量（　　）。

  A. 数字越小，视频侦测越灵敏；数字越大，视频侦测越迟钝

  B. 数字越小，视频侦测越迟钝；数字越大，视频侦测越灵敏

2. 当我们的动作遇到角色时，根据动作的大小会返回一个值（　　）。

  A. 视频运动相对于角色，越慢数值越大，越快数值越小

  B. 视频运动相对于角色，越慢数值越小，越快数值越大

参考文献及资料

[1] 戴军，张进 . 基于视频识别驾驶疲劳的信息融合系统 [J]. 微计算机信息，2007（14）：268-270.

[2] 柴萌 . 长途客车驾驶员疲劳状态辨识与预警 [D]. 长春：吉林大学，2019.

117

虽然没有人这样说，但我认为人工智能几乎是一门人文学科。这是一种试图理解人类智力和人类认知的尝试。

——塞巴斯蒂安·特伦（Sebastian Thrun）

项目十三　火眼金睛——视频考勤

　　视频考勤是利用监控视频拍摄下来的视频图像，检测图像中的人脸，将检测到的人脸特征与数据库中的人脸特征进行比较识别，登记出勤情况。视频考勤既可以保证考勤的准确性，又可以保证安全性。本项目我们将围绕视频考勤这个主题展开，把它分解成五个环节，分别是：①视频考勤应用；②实现考勤功能；③获取考勤时间；④功能拓展完善；⑤项目小结。通过这五个环节，层层递进，逐步解决问题，最后完成整个项目，在项目完成的过程中体现了用计算机解决问题的思维与过程。希望同学们在以后的学习和生活中，也可以利用计算机解决类似的问题。

情境导入

　　早晨，灰灰背着书包开开心心地来到校门口，"灰灰，恭喜你成为今天的早起小明星""是谁在说话？"保安叔叔告诉他这是未来学校新安装的视频考勤系统，可以对来学校读书的学生进行智能视频考勤。"真是太厉害了，这是怎么实现的呢？"灰灰对眼前这个视频考勤系统非常感兴趣，决定利用学过的知识来模拟视频考勤系统。可是该怎么做呢？他决定去请教大大，现在他和大大正在讨论如何开发视频考勤系统，让我们一起去看看吧！

本项目内容结构及学习环节

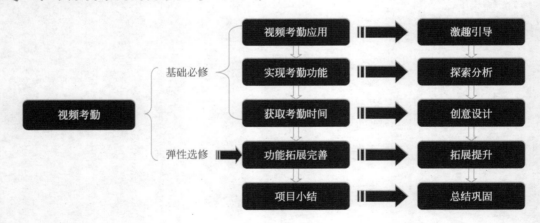

激趣引导

大大，学校门口的视频考勤系统是怎么实现考勤的呀？

这个不难，我们可以通过人脸识别收集人脸特征数据，然后对出现在视频中的人物进行考勤统计就可以了！

原来是这样啊，我也想做一个视频考勤系统。你能教教我吗？

当然可以啊！首先，让我们一起来绘制视频考勤项目的思维结构图吧！

对于视频考勤这个项目，首先我们要了解视频考勤在生活中的应用，充分了解它的实现流程，然后通过编程实现视频考勤，获取到考勤的时间，再进行功能拓展完善就可以做好了。

"视频考勤"项目参考思维结构图如图 3-13-1 所示。

图 3-13-1 "视频考勤"项目参考思维结构图

视频考勤应用

探究活动一：生活中的视频考勤

活动要求：

1.同学们在生活中有哪些场景会用到视频考勤？你能给大家举例说明吗？

2.查阅相关的资料，小组内讨论分析，视频考勤相比传统考勤的优势有哪些？请把你们讨论的结果填入表 3-13-1 中。

表 3-13-1 视频考勤的应用场景及优势

应用场景	
优势特点	

视频考勤是通过实时视频跟踪的方式对人脸进行动态检测和定位，并实时反馈考勤情况（图 3-13-2）。主要原理是当人脸在视频流收录设备的拍摄范围内时，设备会自动检测并截取视频中的人脸画面，对检测到的人脸图像进行特征提取，然后通过对比存储在人脸

库中的信息，从而获得最终的识别结果。视频考勤利用摄像机对人体特征进行实时识别，与后台数据进行匹配，不会直接与人体进行接触。与指纹识别、智能刷卡考勤系统相比，基于人脸识别的考勤系统消除了指纹考勤、智能刷卡带来的不便，解决了传统点名考勤中"只听声音，不认人"的弊端。同时，在视频监控的情况下，行人无须配合就能够实现监控区域的考勤识别等操作，这样使得被监控人能够无约束自然地通过监控区域，且无须排队打卡，可多人极速同行，提高考勤速度，并且能保存出行记录，通过软件实时反馈考勤结果。另外，基于人脸的考勤识别安防，有陌生人预警提示，安全性高。例如，车站、机场、码头等人流集中地，实现重点人脸管控，防患于未然。目前视频考勤被广泛应用于企业、学校、医院、工厂等场景。

图 3-13-2　视频考勤的社会应用

大大，原来视频考勤在我们生活中有很多应用啊，可是我们如何编程设计实现视频考勤呢？

这个问题问得很好，要完成视频考勤，首先要建立人脸特征数据库，接下来我们一起试试吧！

 探索分析

实现考勤功能

探究活动二：探究人脸特征数据库的建立

活动要求：

1.查阅相关资料，小组内分析讨论建立人脸特征数据库的原理和过程是什么？

2.请同学们从 Kittenblock 扩展库中添加机器学习、视频侦测、BaiduAI 模块，初始化特征提取器，看看是否能建立人脸标签，并思考人脸标签和姓名之间如何实现关联？

3. 参考人脸特征数据库建立过程, 绘制出建立人脸特征数据库的思维结构图。

KNN 算法是机器学习算法中最基础、最简单的算法之一, 它的全称是 K Nearest Neighbor, 意思是 K 个最近的邻居, 通过测量不同特征值之间的距离来进行分类。简单来说, KNN 算法就是通过已有的样本集建立一个个分类标签, 每当要识别新物品的时候, 就提取该物品的特征值和样本集的标签做比较, 看它和哪个样本标签最相似就将它归入这一类。它既能用于分类, 也能用于回归。

建立人脸特征数据库参考流程如下。

第一步: 在 Kittenblock 的扩展库中, 选择并单击"机器学习""视频侦测"、BaiduAI 模块, 并初始化特征提取器 (图 3-13-3)。

图 3-13-3　添加的拓展模块及特征初始化参考程序

小思考:
　　同学们, 开启视频的积木中, 有"将视频开启"和"将视频镜像开启", 请你试一试, 看看两者之间有什么不同吧!

121

第二步: 使用特征提取模块获取人脸信息, 并建立标签 (图 3-13-4)。

图 3-13-4　获取人脸信息参考程序

第三步：保存人脸特征数据库（图 3-13-5）。

图 3-13-5　保存人脸特征数据库参考程序

第四步：如果需要清除人脸特征数据库中已经录入的人脸信息，可以单击以下程序（图 3-13-6）。

图 3-13-6　清除人脸特征数据库中的所有信息参考程序

"建立人脸特征数据库"项目参考思维结构图如图 3-13-7 所示。

图 3-13-7　"建立人脸特征数据库"项目参考思维结构图

大大，人脸特征数据库设计好了！开始考勤啦！

是的，灰灰，但在考勤前你还要获取当前人脸数据哦！

探究活动三：实践人脸视频打卡

活动要求：

1. 小组内讨论如何获取人脸视频信息？

2. 试着编写程序实现在人脸识别成功之后输出语音提示打卡成功，看谁做得又快又好！

活动参考流程如下。

提取视频中的人脸特征，将特征分类，并判断人脸特征数据库中是否包含采集到的数据，若包含，就语音提示打卡成功（图 3-13-8）。

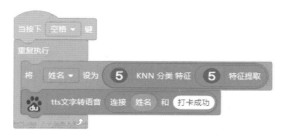

图 3-13-8　获取并保存人脸信息、输出提示语音参考程序

小思考：
　　同学们，请你多录入几个同学的人脸信息，看看能否打卡成功？另外，请你尝试把特征采集的次数改成 1，看看能否打卡成功呢？

灰灰，刚刚王老师跟我说，今天早上你是早起小明星呀？你真是太棒了！

哈哈，谢谢大大的鼓励。奇怪，王老师是怎么知道的呢？

视频考勤系统会把同学们的考勤数据保存起来，这样老师们就知道了呀！

那这些考勤数据是怎么保存的？可不可以用以前学习过的 Excel 表格来保存考勤数据呢？那又是如何将考勤数据关联到 Excel 电子表格中的呢？

灰灰，你的想法非常好，赶紧动手试试吧！

探究活动四：保存考勤数据

活动要求：

1. 请同学们从扩展库中添加 Data Process 模块，试着设计考勤表，思考并讨论如何在考勤表中添加打卡信息？

2. 对比建立 Excel 数据表格的方法和过程，你能发现两者的相似之处和不同之处吗？

活动参考流程如下。

第一步：在 Kittenblock 的扩展库中添加 Data Process 模块。然后在桌面新建一个 Excel 表格，命名为考勤表 .xlsx（图 3-13-9）。

图 3-13-9　添加数据模块并创建考勤表文件

第二步：在菜单栏上找到"文件"并打开，在弹出来的"文件管理"对话框中上传考勤表（图 3-13-10）。

图 3-13-10　上传考勤表

第三步：使用 Data Process 模块设计考勤表的表头，并保存考勤表文件（图 3-13-11）。

第四步：如果考勤成功，则在考勤表中添加打卡信息（图 3-13-12）。

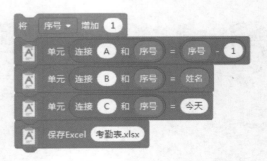

图 3-13-11　设计考勤表参考程序　　　　图 3-13-12　保存考勤信息参考程序

第五步：下载文件管理中的考勤表，即可查看考勤数据（图3-13-13）。

图 3-13-13　查看考勤数据

 大大，我们的考勤系统要是能像学校门口的那样，有"早起小明星"的提示就更好了！

嗯，如果要实现提示，接下来我们该如何改进呢？

 哈哈，我知道了！首先我们要获得打卡的时间，然后跟老师设定的到校时间进行比较。

对，你真棒！赶紧去试试吧！

创意设计

获取考勤时间

探究活动五："谁是"早起小明星"

活动要求：

1. 小组内讨论如何修改打卡时间？试着利用侦测和运算模块获取当前考勤时间。

2. 小组内讨论分析，如何根据考勤时间设置语音提示"恭喜你，成为今天的早起小明星"。

活动参考流程如下。

第一步：通过侦测模块和运算模块获取当前考勤时间（图 3-13-14 和图 3-13-15）。

图 3-13-14　获取系统时间参考程序

图 3-13-15　获取系统时间参考效果

第二步：将当前考勤时间与规定的时间进行比较，如果比这个时间早，就语音提示"早起小明星"（图 3-13-16）。

图 3-13-16　"早起小明星"语音提示参考程序

大大，"早起小明星"设置好了！如果有同学迟到了，我们是不是也可以给他设置相应的语音提示呢？

当然可以啊，接下来我们一起来试试吧！

 拓展提升

功能拓展完善

探究活动六：谁迟到了

活动要求：

1. 小组讨论并尝试，修改程序让考勤系统能够根据考勤时间设置语音提示"小朋友，你迟到了！下次记得早点到校哦"。

2. 思考如何统计每一个小朋友迟到的时间？试着编程实现统计小朋友迟到的时间，并设置语音提示"小朋友，你迟到了 ×× 分钟，下次记得提前到校哦"。

参考程序如图 3-13-17 所示。

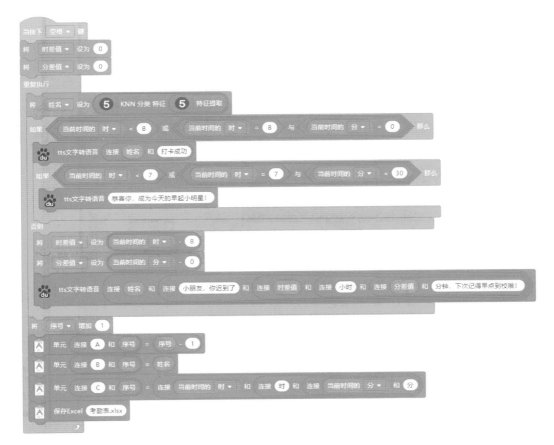

图 3-13-17　考勤打卡参考程序

哇，做好啦，真是太棒了！

嗯，很不错！现在我们已经实现了基本的视频考勤功能，后续还可以继续完善和升级，可以试着继续去探索哦！

✏️ 总结巩固

项目小结

　　本项目我们初步了解了视频考勤在生活中的应用，探究学习了实现视频考勤的过程，通过编程实践了视频考勤应用和拓展。本项目的内容你都掌握了吗？

127

知识点比重：

视频考勤应用 15%

实现考勤功能 40%

获取考勤时间 30%

功能拓展完善 15%

课后思考与练习

思考：

本课中的视频考勤系统还有哪些地方可以优化？请说出你的想法和思路。

练习：

1. 尝试给考勤系统增加欢迎语音提示，增强考勤系统的互动性。

2. 尝试修改程序，统计获得"早起小明星"的次数，如果连续三天获得"早起小明星"，视频考勤系统就说"恭喜你，获得早起小达人称号"。

参考文献及资料

[1] 王兴钰，张无奇，沙毅，等. 视频考勤机的软件设计与实现 [J]. 电子世界，2017（24）：124-125.

[2] 梅友松. 视频考勤系统研究与实现 [D]. 上海：同济大学，2006.

人工智能正在快速成长，机器人亦如此，它们的面部表情可以激起人们的同感，让你的镜像神经元产生震颤。

——黛安·艾克曼（Diane Ackerman）

项目十四　一路追随——人脸追踪

人脸跟踪是一种利用计算机视觉和人工智能技术，实现对人脸在视频或图像序列中进行动态跟踪的技术。人脸追踪一般在科幻电影中用得比较多，例如《猩球崛起》中的大猩猩，表情如此生动、丰富，就是将人脸的关键点映射到 3D 建模的大猩猩脸上。

本项目我们以人脸追踪为主题，以 Kittenblock 视频侦测中的人脸检测、人脸位置等模块为基础，了解人脸追踪的原理与简单应用。分别从以下五个环节进行讨论学习：①初识人脸追踪；②人脸位置检测；③五官坐标检测；④虚实互动应用；⑤项目小结。通过这五个环节，层层递进，逐步完成整个人脸追踪项目，从而实现虚实互动，使我们的生活更加智能而有趣！

情境导入

假期灰灰一直在学习人工智能课程，快开学了，学校人工智能社团成员想在开学以前，组织一场智能派对，请一些家长和同学来参加，让大家感受人脸追踪的神奇与快乐。在智能派对活动中，不仅可以自己戴上酷炫的面具实现变脸，还能加上眼镜、项链等个性化的装饰。更有意思的是，社团还准备开发一个虚实互动娱乐区，让我们一起去体验一下吧！

本项目内容结构及学习环节

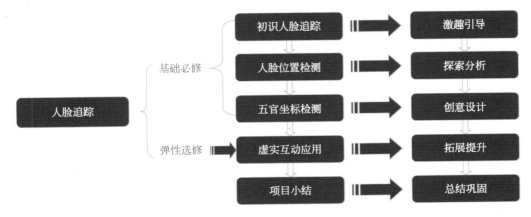

激趣引导

大大，学校人工智能社团要组织一场智能派对。能通过人工智能技术把我的脸变成钢铁侠的模样吗？也就是给我带上钢铁侠的面具，实现变脸！

当然可以！这需要运用到人脸追踪技术。

要怎样才能实现人脸追踪技术呢？好想试试啊！

在开发项目之前，我们要先对项目进行了解，并对整个项目的实现进行梳理分析。

初识人脸追踪

探究活动一：人脸追踪项目分析

活动要求：

1. 你了解人脸追踪吗？请同学们试着利用网络搜索人脸追踪相关的资料，了解基本概念及其处理过程。

2. 参考相关资料，试着设计出人脸追踪项目的思维结构图。

人脸追踪包括人脸的识别和人脸的跟踪技术。要跟踪图像中的人脸，首先要识别人脸。人脸识别就是利用计算机分析静态图片或视频序列，从中找出人脸并输出人脸的数目、位置及其大小等有效信息。其次就是跟踪人脸，即在检测到人脸的前提下，在后续帧中继续捕获人脸的五官坐标等信息。通过这些功能可以完成很多实时的人工智能虚实交互应用。

"人脸追踪"项目参考思维结构图如图 3-14-1 所示。

图 3-14-1　"人脸追踪"项目参考思维结构图

大大，已经梳理好了，快点教我如何变脸吧！

不要着急，我们先来了解人脸追踪的原理。

人脸追踪的本质是人脸关键点的检测。这里不得不说经典的人脸关键点检测算法的鼻祖 T.F.Cootes 在 1995 年提出的主动形状模型（active shape model，ASM）（图 3-14-2）。这个算法可以简单地理解为：用一张标定的人脸模型，使其鼻子或眼睛对正到要识别的人脸样本，然后慢慢修正收敛到五官和人脸轮廓上。该算法发展至今已经用到深度学习算法来进行关键点的检测了。

人脸追踪可以实时识别人脸位置然后显示轮廓并返回坐标，通过此功能可以完成很多实时的人工智能交互应用。人脸跟踪技术涉及模式识别、图像处理、计算机视觉、生理学、心理学及形态学等诸多学科。在海关、机场、银行、电视电话会议等场合，都需要对特定人脸目标进行跟踪（图 3-14-3）。

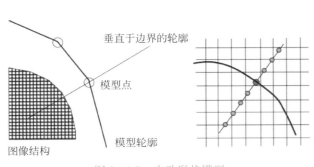

图 3-14-2　主动形状模型　　　　图 3-14-3　机场人脸识别效果图

例如，著名科幻电影《猩球崛起》在后期制作中运用了人脸追踪技术和动作捕捉技术（图 3-14-4）。

图 3-14-4　《猩球崛起》剧照

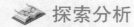 探索分析

探究活动二：熟悉人脸检测对应积木功能

活动要求：

1. 试着在Kittenblock软件中添加视频侦测拓展模块，体验表3-14-1中积木的运行效果。

2. 小组内讨论分析人脸追踪项目可能用到的积木有哪些？你想要实现的创意设计是什么？请将你的探究结论填写在表3-14-1中。

表3-14-1　视频侦测拓展模块中的人脸检测积木

积　　木	功　　能	创意设计
人脸检测 on ▼		
检测调试 off ▼		
戴面具 ironman ▼		
人脸位置 left ▼ x ▼		

探究活动三：戴面具

活动要求：

1. 小组合作分析如何利用视频侦测拓展模块中的积木实现戴面具？试着设计出该项目的思维结构图。

2. 试着通过编程给灰灰戴上最喜欢的钢铁侠面具，看谁做得又快又好？

通过分析可以得出，要想实现戴面具，我们得先开启视频侦测，然后进行人脸检测，再选择匹配的面具戴上，这个过程就是追踪人脸的轮廓位置，于是我们可以得出"戴面具"项目的参考思维结构图如图3-14-5所示。

图3-14-5　"戴面具"项目参考思维结构图

参考程序及运行效果如图 3-14-6 所示。

图 3-14-6　戴面具参考程序及运行效果图

原来挺简单的嘛！选择戴面具 ironman 就可以变脸钢铁侠了，而且面具还能自动追踪人脸！

是的，实现戴面具功能的基础是获取脸部的整体坐标位置，再进行对应拟合匹配。我们还可以进行单个五官的坐标检测呢，这样你就可以给自己的五官添加一些酷炫的装扮呢！是不是觉得更好玩呢？

是啊，如何单独获取某个五官的坐标呢？

这需要用到一个新的积木模块以获取人脸五官的 x 坐标与 y 坐标，请跟着我一起来探究吧！

 创意设计

五官坐标检测

能够确定一个点在空间的位置的一个或一组数，称为这个点的坐标。基于人脸局部特征跟踪法经常利用眼睛、嘴和鼻子等器官特征信息进行跟踪定位。传统的人脸特征点跟踪方法通常是在人面部画上标识点进行跟踪，通过获取每个标识点的坐标实现五官坐标的检测。

探究活动四：戴眼镜

活动要求：

1. 小组内讨论分析"戴眼镜"项目的实现过程，并试着绘制出该项目的思维结构图。
2. 试着编程识别输入的人脸中左眼与右眼的坐标，并为自己的眼睛戴上酷炫的眼镜。

通过分析可以得出，要想实现戴眼镜，需要先开启视频，然后进行人脸检测，再通过编程实现识别左眼和右眼的坐标，再在左、右眼的坐标上分别匹配镜框。

"戴眼镜"项目参考思维结构图如图 3-14-7 所示。

图 3-14-7 "戴眼镜"项目参考思维结构图

参考程序及运行效果如图 3-14-8~ 图 3-14-10 所示。

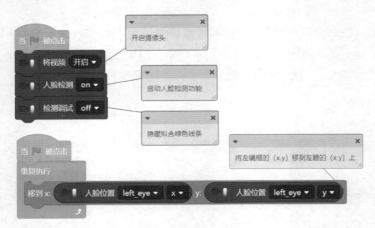

图 3-14-8 识别左眼坐标并匹配上左镜框

图 3-14-9 识别右眼坐标并匹配上右镜框

图 3-14-10　戴眼镜参考程序及运行效果图

太有趣了！不仅可以变脸还能装扮，还可以设计出虚实互动的游戏吧？比如戴着面具吃苹果的游戏！

当然可以！相信你可以设计出这个游戏，赶紧去试试吧！

拓展提升

虚实互动应用

探究活动五：吃苹果大赛

活动要求：

1. 在已完成戴面具和戴眼镜的项目后，同学们想不想编程实现玩家戴着面具、眼镜、饰品参加吃苹果大赛呢？请同学们小组内讨论，如何设计吃苹果大赛的思维结构图呢？（游戏规则：苹果从上往下在随机位置掉落。如果吃到了，那么苹果变小直到被吃完；否则苹果掉在地上后消失。谁吃的苹果数最多谁就赢了！）

2. 思考如何识别输入的人脸嘴巴的坐标？小组讨论苹果与嘴巴的坐标相距多少时判断被吃掉最合适？

3. 小组讨论如何利用变量（得分、时间等）对吃苹果游戏进行程序优化，让游戏更加有趣，竞技性更强！

大大，从活动要求中可以看出，实现戴着面具吃苹果的游戏还有一些游戏规则要注意哦！

是的，这个并不难，只要我们将吃苹果大赛这个项目进行拆分，分解成几个小项目——突破解决就可以了！

"吃苹果大赛"项目参考思维结构图如图 3-14-11 所示。

图 3-14-11　"吃苹果大赛"项目参考思维结构图

参考程序及运行效果如图 3-14-12 和图 3-14-13 所示。

图 3-14-12　吃苹果大赛参考程序及运行效果图

图 3-14-13　吃苹果游戏坐标判断参考程序

小思考：

你还能想到其他优化方法使得人脸追踪的虚实互动游戏更有趣吗？请向大家展示并汇报本组的作品，看看谁的作品能获得最佳创意作品、最佳人气作品、最佳程序设计作品吧！

大大，智能派对真好玩！

是啊！人脸追踪在很多领域都有应用呢，我们要利用它为人类服务，造福才行哦！

总结巩固

项目小结

本项目我们利用人工智能技术设计了人脸追踪系统，组织了一场有趣的智能派对，让大家感受到人脸追踪技术的神奇与快乐，并开发了虚实互动游戏丰富小镇居民的娱乐生活。本项目的内容你都掌握了吗？

知识点比重：

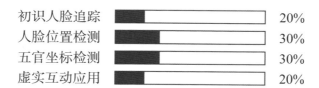

初识人脸追踪	20%
人脸位置检测	30%
五官坐标检测	30%
虚实互动应用	20%

137

课后思考与练习

思考：

1. 视频侦测是如何检测到人脸关键点的？

2. 人脸关键点的坐标是否准确？如何能更快速、更精准地定位？

练习：

1. 通过完成本项目，你能说出人脸追踪的一般过程吗？

2. 部分体验者反馈脸上表情难看，如何让系统收集这些信息，对体验者进行问卷追踪？

参考文献及资料

[1] 牛颖，李丽宏.基于双目视觉的人脸追踪方法 [J].科学技术与工程，2019，19（27）：224-229.

[2] 潘虹.人脸识别技术特征及未来的应用展望 [J].卫星电视与宽带多媒体，2019（21）：13+15.

[3] 张云飞.基于深度学习的视频监控中人员识别的研究 [D].杭州：浙江工商大学，2020.

[4] 王海鹏，李夫玲，余斌，等.基于 PYNQ-Z2 人工智能开发平台的人脸追踪检测系统设计 [J].科技创新与应用，2020（1）：12-14.

[5] 赖保均，陈公兴，李升凯，等.基于深度学习的人脸追踪安防监控系统 [J].科学技术创新，2020（15）：72-74.

[6] 赵昕晨，杨楠.基于头部姿态分析的摄像头视线追踪系统优化 [J].计算机应用，2020，40（11）：3295-3299.

[7] 陆昌欣，王澍，吕纪龙.基于三维人脸特征分析的无人机跟拍系统 [J].智能计算机与应用，2020，10（10）：103-104.

[8] 叶夏竹，梅亚楠.基于视频分析技术的适航监察过程监管系统 [J].民航学报，2020，4（6）：50-53.

[9] 戴志远，闫克丁，杨树蔚，等.基于模板匹配的人脸识别跟踪方法研究 [J].上海电力大学学报，2021，37（1）：83-88+93.

技术日新月异，人类生活方式正在快速转变，这一切给人类历史带来了一系列不可思议的奇点。我们曾经熟悉的一切，都开始变得陌生。

——约翰·冯·诺依曼（John von Neumann）

项目十五　蓦然回首——人脸检测

人脸检测是指对于任意一幅给定的图像，采用一定的策略对其进行搜索以确定其中是否含有人脸，如果是，则返回人脸的位置、大小和姿态。人脸检测是自动人脸识别系统中的一个关键环节。FaceAI 的人脸检测是基于网络云端的，一般对网络要求也不高，只是有一定的时间间隔限制。它是一个建立在 tensorflow.js 内核上的 Java 模块，它实现了三种卷积神经网络（CNN）架构，用于完成人脸检测、识别和特征点检测任务。

本项目我们以 Kittenblock 的 Machine Learning 5 中 FaceApi 模块为基础，通过画笔与机器学习的综合运用，体验多个人脸的识别及人脸追踪画框等的应用。将从以下五个环节进行探究学习：①了解 FaceApi；②检测定位人脸；③绘制人脸特征；④设计趣味特征画像；⑤项目小结。这五个环节相互关联、层层递进，逐步实现智能人脸检测系统。

情境导入

自从小镇引入了人工智能技术，吸引了越来越多的游客前来参观，其中最火爆的要数人工智能博物馆。在游客众多的时候，配套设施和服务都跟不上。如何实时统计进入博物馆的人数？如何给参观博物馆的人提供更有创意的服务呢？以前小镇的人脸识别系统只能检测一张人脸，当镜头前有多个人脸就识别不了了。如何才能开发出一个能检测出多个人脸的智能人脸检测系统呢？灰灰正在向大大请教呢，让我们一起去看看吧！

本项目内容结构及学习环节

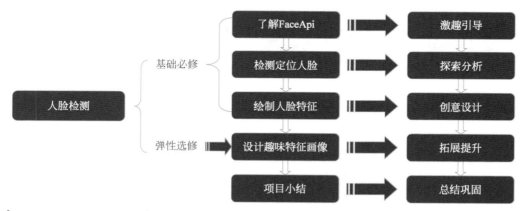

激趣引导

大大，在以前的人脸识别系统中，都只能检测一张人脸。当镜头前有多张人脸时就识别不了，该怎么办呢？

这就需要运用 FaceApi 模块了。利用它可以识别出多张人脸。不仅能统计镜头前人脸的数目，还能针对某一张人脸做一些创意的处理呢！

哈哈，这个有意思！这样一来，博物馆里的人流量统计就容易实现了，而且还能给参观博物馆的人提供有趣好玩的服务，这就是传说中的智能人脸检测系统吧？

是的，要开发出这样的智能人脸检测系统，需要先了解什么是 FaceApi，了解其原理以及相关积木的功能，然后通过编程实现人脸数量的统计、指定人脸的定位画框、绘制人脸特征、绘制趣味特征画像就可以了！

是啊！哈哈，我知道该怎么绘制智能人脸检测项目的思维结构图啦！

"智能人脸检测"项目参考思维结构图如图 3-15-1 所示。

图 3-15-1 "智能人脸检测"项目参考思维结构图

了解 FaceApi

　　FaceApi（本地版的人脸检测）是一个建立在 tensorflow.js 内核上的 Java 模块，它实现了三种卷积神经网络（CNN）架构，用于完成人脸检测、识别和特征点检测任务。人脸识别是基于人的脸部特征信息进行身份识别的一种生物识别技术。原理可以简单理解为：通过大量样本，进行标定后，建立模型，用摄像头采集含有人脸的图像或视频流，进而对人脸有针对性地识别处理，得到数据反馈。

　　人脸区别于人体等其他生物特征有明显的优势：非强制性，尤其在一些安防上，就显得特别有优势；非接触式，不用像指纹或者静脉识别那样需要接触识别设备，可以在公共场所显示其强有力的优势，但对于在公共场所应用的数据信息的管理与保护也显得尤为重要。

探究活动一：探索 FaceApi 的积木功能

活动要求：

1. 自主探究 Machine Learning 5 插件中 FaceApi 的相关积木，试着操作实验并观察对应的运行效果，思考开发智能人脸检测系统需要用到哪些积木？

2. 小组内讨论总结出 FaceApi 相关的积木功能和可能实现的创意设计，填写到表 3-15-1 中。

表 3-15-1　Machine Learning 5 插件中的 FaceApi 相关积木功能与创意设计

积　　木	功　　能	可能实现的创意设计
5 FaceApi 初始化		
5 FaceApi 检测		
5 FaceApi 人脸数目		
5 FaceApi 绘制方框 序号 0 画笔		
5 FaceApi 绘制 特征 nose ▼ 序号 0 画笔		

141

 探索分析

检测定位人脸

探究活动二：统计博物馆里的人流量

活动要求：

1. 小组内讨论分析如何编程实现识别镜头前的人脸数量？即如何编程实现统计入口人流量和出口人流量，请试着动手去实践。

2. 如何实现统计博物馆的人流量？请说出你的思路和过程。

通过分析可以得出，要统计出博物馆里的人流量，我们可以在入口处和出口处统计出人脸数量，然后将入口人脸数量减去出口人脸数量就得出了博物馆里实时的人流量了。

"统计博物馆人流量"项目参考思维结构图如图 3-15-2 所示。

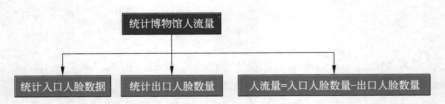

图 3-15-2 "统计博物馆人流量"项目参考思维结构图

参考学习流程如下。

第一步：通过入口摄像头，检测到人脸数量，累加到入口变量里。

第二步：同样的方法，统计出口的人脸数量，累加到出口变量里。

第三步：博物馆的人流量，就是入口的人脸数量减去出口的人脸数量，我们用程序实现如下。

参考程序及运行效果如图 3-15-3～图 3-15-5 所示。

图 3-15-3 检测人脸数目参考程序及运行效果图

大大，你发现了吗？因为首次运行需要导入模型到显卡中进行初始化运算。FaceApi 初始化与检测会有点卡，不过稍等几秒钟就好了！通过对前面程序的完善，就得到了入口的人脸数量，是不是很简单啊？

是的，那出口的人流量也可以统计出来，博物馆里实时的人流量也就可以统计出来啦！

图 3-15-4 统计入口人流量参考程序及运行效果图

图 3-15-5 统计人流量参考程序及运行效果图

大大，虽然前面利用 FaceApi 编程可以识别出多张人脸，并且统计出人流量，但是我们只想识别其中的某一张人脸，该如何实现呢？

这就要通过 FaceApi 中的序号实现从多张人脸中定位某一张人脸，我们还可以给某一张人脸绘制特征画像呢！

探究活动三：探究人脸追踪定位

活动要求：

1. 小组内探讨分析如何编程实现在多张人脸中追踪定位某一张人脸？请说出你的思路。

2. 请同学们试着编程实现对指定人脸进行追踪定位画框，标识出特定的人脸。（提示：需要用到视频侦测、Machine Learning 5、画笔插件。）

通过分析，我们不难发现，要想实现在多张人脸中追踪定位某一张人脸，必须先开启视频，进行 FaceApi 初始化，再利用 FaceApi 进行检测，在检测过程中选定对应序号的人脸脸部，然后利用画笔绘制方框就可以了。

"人脸追踪定位"项目参考思维结构图如图 3-15-6 所示。

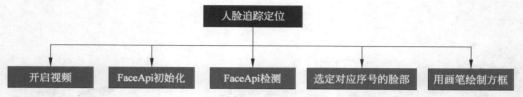

图 3-15-6 "人脸追踪定位"项目参考思维结构图

参考程序及运行效果如图 3-15-7 所示。

图 3-15-7 人脸追踪定位参考程序及运行效果图

大大，为什么序号为 0 时，FaceApi 人脸检测程序只对我的脸画框框呢？

哈哈，你猜猜呀？因为序号从 0 开始，如果镜头中有多张人脸，那么脸越靠近摄像头的序号越小。查找到了镜头中序号最小的人脸，就追踪到了要画框的那张脸啦！

哦，原来如此啊！我懂了！

FaceApi 不仅可以通过序号为多张人脸中的指定人脸画框标记，还可以将指定人脸的特征也画出来。

哈哈，就像动漫卡通图里的人物画像。尽管画得很抽象，但能凸显其外貌特征，便于快速甄别和抓捕。人脸检测也太厉害了！

创意设计

绘制人脸特征

145

探究活动四：探究绘制人脸特征

活动要求：

1. 小组合作探究如何实现对指定人脸特征的绘制？请说说你的思路。

2. 请同学们试着编程先实现对指定人脸的某一五官特征进行绘制，再实现对指定人脸的轮廓进行绘制形成特征画像，看谁绘制得更有创意更有趣！（提示：需要用到视频侦测、Machine Learning 5、画笔插件。）

参考学习流程如下。

第一步：通过分析还能得出，要想实现对镜头中多张人脸中某一指定人脸特征的绘制，必须先检测到多张人脸，并对多张人脸进行定位，先根据离摄像头最近的人脸（也就是序号最小的）绘制某一五官特征，再利用画笔绘制脸部轮廓即可完成特征画像。

"绘制人脸特征"项目参考思维结构图如图 3-15-8 所示。

图 3-15-8 "绘制人脸特征"项目参考思维结构图

第二步：结合项目参考思维结构图，编程实现本项目。

参考程序及运行效果如图 3-15-9 和图 3-15-10 所示。

图 3-15-9　绘制人脸特征参考程序及运行效果图

图 3-15-10　特征画像参考程序及运行效果图

146

拓展提升

设计趣味特征画像

探究活动五：为参观者绘制趣味特征画像

活动要求：

1. 小组合作探究如何给参观者绘制趣味特征画像？比如试着给指定的人脸绘制胡须或者腮红等。

2. 你能试着给参观者的人脸设计个性头发颜色或者发型吗？看看谁设计得有趣又有个性？

参考学习流程如下。

通过分析，我们可以得出，要想绘制有趣的特征画像，必须将之前实现的特征画像图片截图保存起来，再通过上传指定人脸的图片，利用绘图工具绘制胡须或者腮红等，还可以利用绘图工具进行头发颜色及发型的设计。

"绘制趣味特征画像"项目参考思维结构图如图 3-15-11 所示。

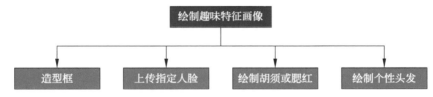

147

图 3-15-11 "绘制趣味特征画像"项目参考思维结构图

运行效果如图 3-15-12 和图 3-15-13 所示。

图 3-15-12 绘制趣味特征画像效果图 1

图 3-15-13　绘制趣味特征画像效果图 2

哈哈，真有趣！来博物馆参观的人还能免费获得自己的人工智能趣味特征画像一张，估计以后来小镇的游客会越来越多，人气爆棚！

总结巩固

项目小结

　　本项目我们初步了解了人脸检测的基本过程，认识了 FaceApi 强大的功能，学会了 FaceApi 工具的使用，通过探究活动实现人脸数量的检测，定位某一指定人脸，绘制人脸特征，创造性地设计了趣味人脸特征画像，体验了 FaceApi 的无限乐趣，为创造性思维的提升提供了锻炼的机会，完成了智能人脸检测系统的开发与设计。本项目的内容你都掌握了吗？

　　知识点比重：

了解 FaceApi		15%
检测定位人脸		35%
绘制人脸特征		35%
设计趣味特征画像		15%

课后思考与练习

思考：

1. 人脸检测是如何识别多张人脸的？

2. 为什么用近小远大的序号来区别多张人脸？还有更好的区分方法吗？

练习：

FaceApi 在日常生活中还能有哪些应用？请自主设计完成一个创意作品。

参考文献及资料

[1] 曹玉红，尚志华，胡梓珩，等.智能人脸伪造与检测综述 [J].工程研究——跨学科视野中的工程，2020，12（6）：538-555.

[2] 刘磊，李丹.监控系统中人脸识别技术专利分析 [J].科技创新与应用，2021（2）：46-49.

[3] 徐意，宗峰.基于深度学习的行人过街意图中人脸检测和姿态估计分析 [J].软件，2021，42（1）：26-28，51.

[4] 陈祥闯，付晓峰.人脸识别和年龄估计在网游防沉迷中的应用 [J].技术与市场，2021，28（1）：41-42.

[5] 刘紫馨.基于嵌入式视频流的口罩佩戴检测仪 [J].数字通信世界，2021（2）：25-26，48.

[6] 付朝虹，王晶晶，王连胜.基于人脸识别的实时人数统计系统设计 [J].信息与电脑（理论版），2021，33（3）：170-172.

[7] 胡铁，付晓峰.应用于快递领取的防欺骗人脸识别系统 [J].科技与创新，2021（5）：167-169.

[8] 于广东，张浩鹏，范梅花，等.基于 Wi-Fi 和人脸比对的课堂手机考勤系统 [J].高师理科学刊，2021，41（3）：22-26，31.

[9] 王彦秋，冯英伟.基于大数据的人脸识别方法 [J].现代电子技术，2021，44（7）：87-90.

[10] 沈玺，康家梁，王伟鹏.安全人脸识别解决方案研究 [J].计算机系统应用，2021，30（4）：227-233.

"250 多年以来，经济增长的基本动力一直是技术创新。其中最重要的，正是经济学家们提出的所谓通用型技术，包括蒸汽机、电力与内燃机等。而我们这个时代下最重要的通用型技术正是人工智能，特别是机器学习。"

——埃里克·布林约尔松与安德鲁·麦卡菲

项目十六　智能诊断——专家系统

专家系统是人工智能的应用方向之一，由于其重要性及相关应用系统的迅速发展，它已经成为信息系统的一种特定类型。专家系统能模仿人类专家解决特定问题时的推理过程，因而可以让普通人获得解决某些专业的能力，同时专家们也可把它视为具备专业知识的助理。由于在人类社会中，专家资源问题相当稀少，有了专家系统，就可以使解决某些专业问题的知识获得普遍的应用。

本项目我们就以创建一个简单的感冒和新冠病毒感染快速自主诊断系统，来了解专家系统在疾病快速诊断领域的应用，以及初步了解专家系统的建立流程和组成部分。将分别从五个环节进行讨论学习：①初探专家系统；②建立知识库；③设计推理机；④设计解释器；⑤项目小结。在以后的生活中，遇到类似的问题，大家就可以利用这种系统开发的方法解决实际问题。

情境导入

早发现、早隔离、早治疗是预防新冠病毒传播的重要手段。针对早发现这个环节，人工智能开发小组决定为未来小镇开发一款专家系统，即基于人工智能的新冠病毒快速自主诊断系统，来对普通感冒和新冠病毒感染进行一个简单的快速判断，积极防治新冠病毒，我们一起去看看吧！

本项目内容结构

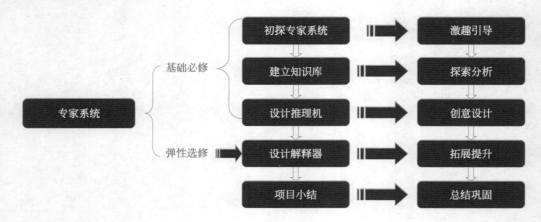

激趣引导

大大，我们自己如何判断是普通感冒还是新冠病毒感染呢？

要对新冠病毒做出确诊，需要医学专家通过专业的知识和专门的医学仪器设备才能实现。

大大，但是普通人没有专业的知识，有什么办法可以帮助他们吗？

我们可以开发一个专门进行智能诊断的"专家系统"，协助普通人进行自我检测，降低传播风险。

初探专家系统

151

"专家系统"是个什么系统呀，计算机还能进行疾病诊断吗？

专家系统，简单地说就是让计算机作为专家，替代人类专家的工作，而且可能做得更出色。

专家系统是人工智能的一个应用领域，计算机根据系统中保存的大量专业知识和经验，通过一系列的数学运算进行推理和判断，最后做出决策。专家系统的应用非常广泛，在工程、科学、医药、军事、商业等方面都取得了相当丰硕的成果。

比如普通人可以通过相关医疗的专家系统对自己的症状进行初步诊断，是普通感冒还是新冠病毒感染，医生还可以通过特定的专家系统来确诊病人的肿瘤是恶性还是良性，汽修厂也可以使用与机械维修相关的专家系统辅助确定车辆的故障原因等。有了专家系统，就可使珍贵的专家知识获得普遍的应用。

哇，太好了。有了专家系统，普通人在家就可以初步区分普通感冒和新冠病毒感染了！

哈哈，是的，让我们赶紧来探究一下这个专家系统的组成和工作原理吧！

探究活动一：探究专家系统的组成

活动要求：

1. 小组内分工合作，利用网络搜索关于专家系统的资料，充分了解专家系统做出决策的过程及其系统结构，并向组内同学分享你的理解。

2. 结合下文中相关的内容，小组内合作探究智能诊断专家系统的系统结构，试着设计出其对应的系统结构图。

 大大，专家系统这么厉害，那它到底是怎么做出正确决策的呢？

我们可以简单地理解为专家系统就是在模拟人类专家的决策过程，首先还是来看下面一段材料吧！

人类专家之所以能够做出正确的决策，是建立在丰富的专业知识和大量临床经验的基础上的。

计算机专家系统要做出专业正确的决策也需要有丰富的专业的知识，所不同的是人类专家将知识和经验保存在大脑里，而专家系统将知识通过数据的形式保存在一个叫作"知识库"的模块中。所以开发专家系统首先要做的就是建立一个保存专家专业知识和经验的"知识库"。

专家系统有了"知识库"，就好比医院请了一个专家医生可以给患者看病了。类似于医生看病的望、闻、问、切，专家系统在做出决策之前也需要获得一些用户信息或者说患者的相关症状。因此，我们的专家系统也需要配备一个用于获取用户信息的模块，我们称为"人机交互界面"。

有了"知识库"和"人机交互界面"，接下来我们的专家系统就需要推理机进行决策了。就像人类做出决策需要通过大脑的思考一样，在专家系统中也有一个类似的思考模块，我们给它起了一个高大上的名字叫作"推理机"。它可以结合"知识库"中储存的专业知识和从"人机交互界面"中获取的用户信息，再通过一系列逻辑运算和判断就可以做出一个专业的决策和诊断了。

在完成决策做出诊断之后，专家系统还可以通过一个叫作"解释器"的模块对做出的诊断进行适当的解释说明，就像医生在给病人做诊断之后会给患者解释一下诊疗方案一样贴心！

同学们，你们能根据上面的资料绘制出智能诊断专家系统的结构图吗？

智能诊断专家系统结构图如图 3-16-1 所示。

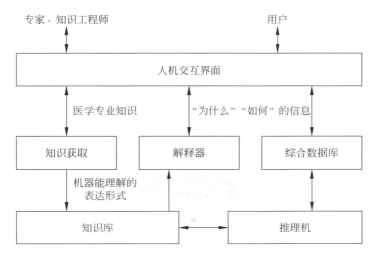

图 3-16-1　智能诊断专家系统结构图

哈哈，理解了结构图我对专家系统的了解就更清晰了。

153

了解了专家系统的组成和功能，下面我们就可以动手开发这个专家系统了。

可是大大，专家系统有好几个环节和步骤，我们该从哪个功能开始呢？

很好的问题，接下来就让我们一起来探究专家系统开发的设计流程吧！

探究活动二：探究专家系统开发流程

活动要求：

1. 根据智能诊断专家系统的结构图，以小组合作的方式分析这个专家系统的开发流程。

2.结合图形化编程软件的特性，通过组内合作设计出合理的专家系统开发的项目思维结构图。

请同学们根据活动要求，设计一个专家系统的开发流程图吧，设计过程中可以参考上面的专家系统结构图哦！

明白了，我们可以根据专家系统各个功能的特点，按照从易到难原则，很快完成系统开发流程图的设计！

"专家系统"项目参考思维结构图如图3-16-2所示。

图3-16-2 "专家系统"项目参考思维结构图

探索分析

建立知识库

探究活动三：建立区分普通感冒和新冠病毒感染的知识库

活动要求：

1.请同学们查阅相关的资料对新冠病毒感染和普通感冒的症状进行广泛了解，小组内以绘画、表格、思维导图等形式对新冠病毒感染和普通感冒的区别进行整理。

2.思考如何利用Kittenblock建立知识库，试着小组内合作完成简单知识库的建立。

知识库建立参考学习流程如下。

第一步：了解普通感冒和新冠病毒感染的相似点和不同点。通过宣传资料、防疫读本、网络搜索等形式对普通感冒和新冠病毒感染的临床表现进行搜集整理。

普通感冒：症状多轻微，主要是以鼻塞、打喷嚏、流鼻涕等上呼吸道卡他症状为主。也有轻微的头痛、咳嗽、喉咙痛、发烧等症状。

新冠病毒感染：临床症状轻重表现不一，主要以发热为主，同时会出现乏力、干咳、呼吸频率快、呼吸困难、咳嗽较重、精神差、乏力、恶心、呕吐、腹泻等。

第二步：制作知识表格。对搜集了解到的资料进行整理分类，完成一个表格或者其他分类形式的制作（表 3-16-1）。

表 3-16-1 普通感冒和感染新冠病毒临床表现信息表

普通感冒	新冠病毒感染

第三步：建立知识库。利用上表中的信息，在 Kittenblock 中通过上传角色的方式建立一个简单知识库（图 3-16-3）。

图 3-16-3 利用 Kittenblock 建立简单"知识库"

探究活动四：设计交互程序

活动要求：

1. 小组合作交流设计一个交互程序模块用于获取用户的输入信息，同时将用户的输入信息进行保存。

2. 试着使用列表保存用户的输入信息，编程实现专家系统基本数据库的建立。

参考学习流程如下。

第一步：讨论获取用户输入的途径。计算机获得信息的途径是多种多样的，在 Kittenblock 中我们可以通过用户输入获取信息，也可以通过用户的单击选取获取我们需要的信息。

参考设计如图 3-16-4 所示。

第二步：建立列表（数据库）。数据库的作用是用来保存信息，这里用于保存用户输入的症

图 3-16-4 专家系统交互程序参考界面

155

状。数据库的设计方式也是多种多样，这里我们的参考方案是：通过两个列表分别存放不同的症状信息。

参考效果如图 3-16-5 所示。

第三步：设计程序完成信息的收集过程。使用相关模块，将用户输入或者选择的信息保存到数据库（列表）中，为后面推理机的设计提供依据。

参考程序如图 3-16-6 所示。

图 3-16-5　建立两个列表分别保存　　　　　图 3-16-6　数据保存并建立基本
　　　　　两种症状程序截图　　　　　　　　　　　　　　数据库的程序

创意设计

设计推理机

探究活动五：设计推理机

156

活动要求：

1.小组合作交流设计一种算法或者判断规则，可以分析用户的输入信息并做出决策，判断患者是普通感冒还是新冠病毒感染。

2.试着编程实现该算法推理机，看谁设计的推理机功能更强大？

推理机设计参考学习流程如下。

第一步：分析、讨论、预测用户可能的输入结果。在设计算法或者判断规则之前，我们首先要对用户可能的输入结果进行分析。这样才能全面正确地设计相关规则，做出合理的判断。考虑情况越全面，我们的算法越强壮，程序错误越少。

同学们可以通过穷举法、分析法、排除法等对用户可能的输入结果进行分类整理，为后面设计判断规则打下基础。

第二步：根据分析结果设计判断规则。我们在设计交互程序获取用户输入信息的同时，就已经将获取的症状进行了分类。所以这个环节我们就可以根据前面分析的结果完成判断规则的设定，当满足某个或者某些条件的情况下我们判断为新冠病毒感染，另外的情况则判断为普通感冒。

推理机设计参考程序如图 3-16-7 所示。

图 3-16-7　推理机设计参考程序

拓展提升

设计解释器

探究活动六：设计解释器

活动要求：

1.小组合作探究在推理机的基础上设计一个解释器，进一步对判断结果进行解释说明，根据需要完善专家系统推理机等系统，让它的判断更加准确、更加专业、更具有说服力。

2.请根据已有知识开发一个富有创意和实际应用意义的专家系统。

解释器设计参考流程如下。

第一步：设计解释器、完善系统。

解释器就是对专家系统的判断结果做出一个说明，同学们可以根据推理机的设计完成解释器的设计。需要注意的是解释器并不需要完整的对整个判断算法进行解释，而是对必要信息做一个通俗易通的说明。

同时，请同学们根据要求完善我们的专家系统，比如让它的界面更加人性化，规则更加合理、更加精细、更加专业，让它除了新冠以外还可以进行其他疾病的诊断等。

第二步：学以致用、拓展提升。

请同学们根据自己的生活体验和创意设计一个专家系统，比如学生饮食营养监测的专家系统、学习习惯监测系统、自动指挥系统、智能穿衣搭配提醒系统、学科知识点盲区诊断系统等。

哈哈，要是能开发出一个学科知识点盲区诊断系统，那么我的学习难题就好解决了！

 总结评价

项目小结

本项目初步学习和了解了专家系统的组成和工作原理，认识了推理机和解释器，并且通过合作探究设计了一个可以模拟智能诊断新冠病毒感染和普通感冒的专家系统。本项目的内容你都掌握了吗?

知识点比重：

初探专家系统	25%
建立知识库	25%
设计推理机	30%
设计解释器	20%

157

课后思考与练习

思考：

1. 专家系统是如何做出判断和决策的？获取专业知识和数据有没有其他更好的方式？

2. 如何让我们开发的专家系统更加"专业"？判断更加准确？

3. 通过完成本项目，我们的专家系统是怎么实现疾病诊断的，有哪几个主要步骤？

练习：

请同学们根据自己的生活体验，参考本项目中的案例，试着开发一个富有自主特色的专家系统。

参考文献及资料

[1] 李强 . 人工智能教育研究专家系统构建框架及实施 [J]. 天津市教科院学报，2020（1）：42-48.

[2] 吕俊霞 . 人工智能专家控制系统简介 [J]. 精密制造与自动化，2020（1）：62-64.

[3] 林雪芬 . 专家系统及其应用 [J]. 中小学信息技术教育，2003（10）：21-23.

158

人类创造了一个平行于基因的信息体系，就是语言和文字，代代相传，称为文明。

——《文明之光》

项目十七　艺术生活——涂鸦应用

当前人工智能的应用已经渗透到人们生活的方方面面、社会的各行各业。近几年来，随着人工智能的飞速发展，此前被认为最不受"威胁"的艺术领域现在也"难逃宿命"。如今，在音乐、诗歌、绘画、舞蹈、电影、小说等相对抽象的领域，都已经可以看到人工智能的身影了。

本项目我们就以 Kittenblock 中的涂鸦 RNN 为例，初步了解人工智能在艺术领域的应用，以及计算机自动画图背后的基于机器学习的简单实践。本项目我们将分别从以下五个环节进行讨论学习：①感受 AI 涂鸦；②图像分类预测；③学习涂鸦 RNN；④学习特征提取；⑤项目小结。通过这五个环节了解如何利用人工智能培养和提升自己"艺术"感，从而让我们的生活更加丰富多彩！

情境导入

现在未来小镇各个小区的很多设施都已经非常智能了，从"闻声识人""车牌识别""人脸追踪"到"专家系统"，可以说人工智能已经服务于未来小镇居民生活的方方面面。最近未来小镇的艺术馆正在举办一个全部由人工智能创作的涂鸦绘画艺术作品展，你是否也想创作自己的特色涂鸦艺术画呢？这些涂鸦画作是怎么创作出来的呢？对此感到非常好奇的灰灰正在向大大请教这些问题，让我们赶紧去看看吧！

本项目内容结构及学习环节

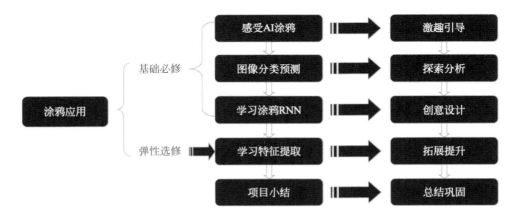

激趣引导

灰灰，镇上的人工智能涂鸦艺术展你去参观了吗？

当然啦，真是太精彩了！人工智能居然也能画出这么有趣的作品！大大，人工智能是怎么画出这些涂鸦的呀？

这个嘛，说起来话可就长了，在回答这个问题之前我们还是先来体验一下涂鸦应用的案例吧！

感受 AI 涂鸦

探究活动一：体验人工智能涂鸦应用

活动要求：

1. 请同学们试着利用网络搜索打开涂鸦应用的体验网址，初步体验涂鸦应用的功能，说出你的感受。

体验网址 1：https://magenta.tensorflow.org/assets/sketch_rnn_demo/index.html

2. 体验 AI 涂鸦网址的应用，自主完成一幅作品，思考感知涂鸦应用的技术原理，说出你的理解（图 3-17-1~ 图 3-17-3）。

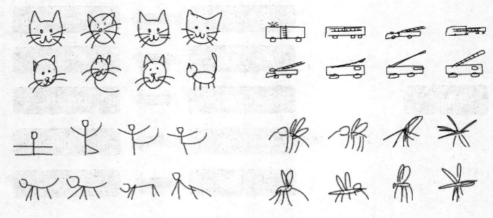

图 3-17-1　根据用户的涂鸦自动绘制出类似的物品截图

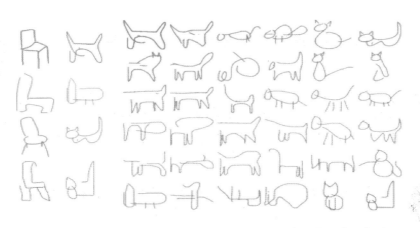

图 3-17-2　人工智能绘制出的趣味"猫椅子"或者"椅子猫"截图

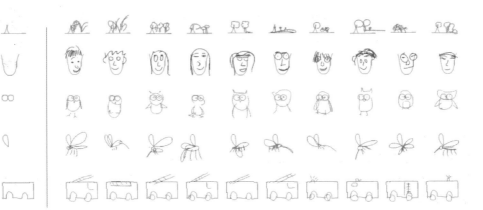

161

图 3-17-3　人工智能绘制出的趣味图

哈哈，是不是很神奇呢。除了简单的模仿，人工智能涂鸦还有更有趣的玩法呢。

哇，真的好有趣呀。好想知道人工智能是怎么实现这些效果的呀？

哈哈，当然是通过学习呀，不过是机器学习。

机器学习？机器学习是什么呀？机器还能学习吗？

你这问题有点多呀！先来看一个简单的介绍吧！

机器学习是一门多领域交叉学科，涉及概率论、统计学、逼近论、凸分析、算法复杂度理论等多门学科，专门研究计算机怎样模拟或实现人类的学习行为，以获取新的知识或技能，重新组织已有的知识结构使之不断改善自身的性能。它是人工智能核心，是使计算机具有智能的重要方法。

这个介绍确实是够简单的，但完全不懂呀。这和计算机画涂鸦有什么关系吗？

不急，下面我们就一起去了解，人工智能是怎么通过机器学习学会艺术涂鸦的！

探究活动二：初探机器学习

活动要求：
1. 请同学们参考下文资料了解机器学习的基本原理，说出你的理解。
2. 小组合作讨论计算机完成绘制一只小猫涂鸦的过程有哪些？参考这个绘制过程试着绘制涂鸦应用项目的思维结构图。

了解机器学习参考流程如下。

第一步：阅读下面的材料，了解原理。

机器是这样学习的

要想了解人工智能是怎么通过机器学习让计算机完成各种人类的行为，我们可以先探究一下人类的学习过程。

以鸡蛋涂鸦为例，同学们可以设想一下我们自己是如何学会画鸡蛋的……

首先，是不是在我们两三岁的时候，父母经常指着各种各样的鸡蛋图片和超市里面的鸡蛋对我们说"鸡蛋、鸡蛋"，这就是我们认识鸡蛋的过程。人工智能也一样——要画出鸡蛋涂鸦，就要先认识"鸡蛋"这个物品。

与人类通过眼睛观察和生活经验认识物品不同，人工智能通过机器学习算法"认识"物品。机器学习会根据事先提供的大量鸡蛋素材图片，通过各种复杂的算法给"鸡蛋"这类物品贴上标签，这个过程称为数据标注。然后让机器学习和提取某类物品的特征，再进行大量的模型训练，努力让机器"认识"这类物品。和人类一样，机器在"认识"这类物品之后，就可以完成以前只有人类才能做的一些事了。

（1）涂鸦绘画：通过图像技术画出已经认识的物品，就像我们前面在 AI 涂鸦中体验到的一样。

（2）对物品进行分类：从人工智能认识的物品中判断一个物品是哪个类别。

（3）视频识别物品：通过视频提取物品的特征，进而对物品进行分类识别。

第二步：结合文中提到的内容绘制出涂鸦应用的项目思维结构图。

哦，原来 AI 涂鸦是这样完成的呀，只是资料内容这么多，要做出思维结构图还真不如容易呢？

为了便于大家理解，我早就为大家准备好了项目参考思维结构图，我们一起来看看吧！

"涂鸦应用"项目参考思维结构图如图 3-17-4 所示。

图 3-17-4 "涂鸦应用"项目参考思维结构图

163

太好了，有了这个思维结构图，对涂鸦应用的了解就更加清晰啦！

嗯，下面就让我们按思维结构图的顺序来完成涂鸦画作吧！

探索分析

图像分类预测

探究活动三：编程实现图片分类预测

活动要求：

1. 请同学们试着分析图片分类预测的过程，说出你的想法。

2. 试着选择合适的图片分类器，设计出一个能够实现每次只识别到舞台上的一张图片并且能根据内容进行预测的简单程序。

让人工智能对图片进行分类预测？这个项目我们该怎么分析呢？

首先我们可以把这个问题简单地分为以下几个步骤。

图像分类器的步骤如下。

①上传图片素材角色；②加载图像分类器，选择合适分类器；③图像分类器预测图片角色分类。

"学习图像分类器"项目参考思维结构图如图 3-17-5 所示。

图 3-17-5 "学习图像分类器"项目参考思维结构图

图像分类项目参考流程如下。

第一步：从角色列表区上传图片素材（图 3-17-6）。

在角色列表区上传准备好的图像素材，并将素材调整至合适的大小。

图 3-17-6 上传图像素材用于识别分类

这个我知道，不就是上传角色吗，简单！

不过我们需要注意的是：每次只能识别一张图片哦。

第二步：导入机器学习模块并加载图像分类器（图 3-17-7）。

添加人工智能拓展模块 Machine Learning 5，选择图像分类器加载合适的程序。

第三步：设计程序使用图像分类器对素材进行分类预测（图3-17-8）。

为了便于分类器识别，最好选择背景为白色的素材。为避免干扰，我们在识别某一个素材时可以将其他素材隐藏起来。

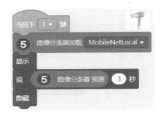

图 3-17-7　添加人工智能拓展模块，选择分类器模型　　　图 3-17-8　图像素材预测过程参考程序

哇，这个模型真的可以识别我们生活中的物品呢！

是的，接下来我们再来探究机器学习根据程序输入指令绘制涂鸦的过程吧！

✨ 创意设计

165

学习涂鸦 RNN

- -

探究活动四：使用 RNN 模型编程实现涂鸦绘制

活动要求：

1. 请同学们加载机器学习模块、画笔模块，试着完成模型的初始化并利用前面学过的知识使用多种方式完成参数的选择。

2. 试着设计利用画笔模块完成一个自己的特色涂鸦作品，看谁设计得更有"艺术感"！

- -

大大，涂鸦 RNN 又是个什么东西呀？

涂鸦 RNN 是 Kittenblock 中的一个人工智能模块，它可以根据用户指定的单词画出与之对应的涂鸦。

涂鸦 RNN 的使用步骤如下。

①导入机器学习模块和画笔模块；②涂鸦 RNN 初始化并选择参数；③选择绘画功能并加入画笔。

"应用涂鸦 RNN"项目参考思维结构如图 3-17-9 所示。

图 3-17-9 "应用涂鸦 RNN"项目参考思维结构图

应用涂鸦 RNN 的参考流程如下。

第一步：导入机器学习模块和画笔模块。

单击左下角的"添加拓展"按钮，进入拓展模块列表界面，选择"画笔"和 Machine Learning 5 拓展模块（图 3-17-10）。

图 3-17-10 添加画笔模块和人工智能模块

添加拓展库，轻松做好，哈哈！

灰灰，别骄傲。下面是涂鸦参数的选择，能够让程序画出特定参数的涂鸦，可要认真思考哦！

第二步：初始化模块，选择画图名称参数（图 3-17-11）。

图 3-17-11 初始化涂鸦 RNN 并选择涂鸦参数

在涂鸦 RNN 中，我们还有其他参数可供选择，另外除了使用下拉菜单实现参数的选择外，你还能通过其他方式选择涂鸦参数吗？

第三步：选择绘画功能并加入画笔（图 3-17-12）。

图 3-17-12　完成涂鸦过程的参考脚本及涂鸦结果截图

设计好的程序可以完成模块导入、参数选择和涂鸦绘制。

涂鸦 RNN 的输入样本是由 Google 发布的一款微信小程序"猜画小歌"。它由全世界最大、囊括超过 5000 万个手绘素材的数据库作为数据对照支持。

这就是说我们使用涂鸦 RNN 画一个涂鸦猫，其实是机器勤奋"学习"了成千上万幅猫的涂鸦了。正因为有了这么强大的数据库支持，我们的涂鸦 RNN 才能这么形象、准确地画出我们的目标物品。

大大，我们到现在为止都是使用现成的模型，那计算机是如何利用现有素材进行学习训练出新模型的呢？

模型训练是机器学习的核心，并且提供的有效样本越多，训练出来的模型就越"聪明"。下面我们就像达·芬奇一样，从鸡蛋开始来探索"机器学习"建立模型的过程吧！

167

拓展提升

学习特征提取

初始化机器学习模块中的特征提取器，Kittenblock 中的机器学习模块 Machine Leqrning 5 的特征提取器底层技术依靠 TensorFlow 实现，此特征提取器采用了 KNN 模型。通过 KNN 特征提取模型，机器学习会将每张图片都生成一个唯一的特征码，该特征码是机器学习针对样本集合的特征总结提取出来的。

探究活动五：编程实现看图"识"物

活动要求：

1.请同学们试着利用拓展模块中添加 Machine Learning 5 机器学习模块，学会使用取特征积木来提取指定路径下相关图片的特征码。

2.试着将你提取的特征码添加到指定特征标签中，自主练习提取数张同一动物（物品）不同品种、方位、动作图片的特征码，并建立一个分类标签，然后试着提取图片的特征值，编程实现对提取到的图片特征码进行分类。看谁做得又快又好！

初始化特征提取器参考程序（图 3-17-13）。

提取图片特征码和建立分类标签的参考程序（图 3-17-14 和图 3-17-15）。

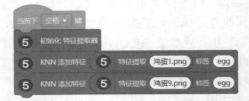

图 3-17-13　初始化特征提取器参考程序　　　图 3-17-14　提取图片的特征码和建立分类标签参考程序

模型的训练以及使用参考程序（图 3-17-16）。

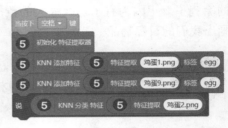

图 3-17-15　对提取的图片特征码进行分类　　　　　图 3-17-16　完整程序参考程序

单击绿旗运行后，测试运行效果。

灰灰，恭喜你，现在你也可以通过机器学习来训练模型让自己的程序认识新的物品了。

哈哈，可以利用程序让它"认识"凡·高的向日葵吗？如果可以，我以后就使用人工智能创作我的涂鸦名画了，哈哈！

当然可以！其实我们学习的 Kittenblock 除了可以认识图片上的物品，还可以直接通过视频识别物品呢！

哦，通过视频识别物品，那是直接在视频中提取物品的特征吗？

是的，其实视频识别功能的原理和图片识别是相似的啊！

哦，有没有实现视频识物项目的参考流程啊？

有啊，给你列出来了，课后好好研究一下吧！

视频识物项目参考流程如下。

第一步：开启视频并初始化特征提取器。

第二步：通过截取摄像头图片提取物品的特征码。

第三步：将特征码进行分类，同一物品可多次提取特征码。

第四步：编写代码对提取的图片特征进行分类。

第五步：测试实现效果，完成个性化编写。

完整的程序如图 3-17-17 所示。

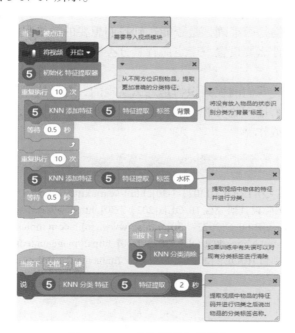

图 3-17-17　完整程序参考程序

哇，人工智能真的是太棒了！

同学们，关于人工智能在音乐、诗歌等其他艺术人文领域的应用，就留给大家以后去探索吧！

总结巩固

项目小结

本项目我们重点了解了人工智能在艺术涂鸦领域的应用，体验了 AI 网站绘制涂鸦，使用 Kittenblock 实现了图像分类功能，还深入学习了涂鸦 RNN 模块的应用以及模型训练、特征提取等内容。本项目的内容你都掌握了吗？

知识点比重：

感受 AI 涂鸦	25%
图像分类预测	35%
学习涂鸦 RNN	25%
学习特征提取	15%

课后思考与练习

思考：

1. 本课中的视频识物是否准确，是否能达到我们想要的效果呢？

2. 本课的案例中为什么要设置一个空白背景分类标签？

练习：

1. 通过完成本项目，我们的视频识物是怎么实现的，有哪些主要步骤？请列举出来。

2. 关于机器学习的看图识物和视频识物的场景应用，你有什么好的想法吗？请根据该问题设计一个解决方案或作品。

参考文献及资料

[1] 小喵科技 Kittenbot 产品文档 [R/OL]. [2023-7-30]. http://learn.kittenbot.cn/.
[2] AI Painting：浙江大学国际设计研究院 [R/OL]. [2023-7-30]. http://www.idi.zju.edu.cn/2057.html.
[3] Teaching Machines to Draw[R/OL]. [2023-7-30]. https://www.ctolib.com/topics-114166.html.
[4] Draw Together with a Neural Network[R/OL]. [2023-7-30]. https://magenta.tensorflow.org/sketch-rnn-demo.
[5] 谷歌人工智能 magenta 项目 [R/OL]. [2023-7-30]. https://magenta.tensorflow.org/.

有些人担心人工智能会让人类觉得自卑，但是实际上，即使是看到一朵花，我们也应该或多或少感到一些自愧不如。

——艾伦·凯（AlanKay）